책 구매 인증 및 나눔CBT 아이디 등업 방법

신기방기 산업안전기사 책 구매 인증 혜택

1. 책 내용 그대로, **나눔CBT 프리미엄 모드**
2. 작업형 **고득점 비법 영상** (네이버카페)
3. **과년도 기출 + 최다빈출 자료** (네이버카페)

신기방기 산업안전기사 책 구매 인증 방법

1. 나눔CBT 사이트 가입합니다.
   www.nanumcbt.com
2. 나눔출판 네이버 카페 가입합니다.
   cafe.naver.com/singibanggi1001
3. 인증서 작성란을 기입한 후 이 페이지 전체를 카메라로 찍어줍니다.
4. 사진파일을 네이버카페 도서인증&등업 신청게시판에 올려줍니다.
5. 카카오톡 오픈채팅에서 '신기방기'를 검색 후, 신기방기 산업안전기사 방으로 들어와 인증사실을 알려주시면 더 빠르게 확인가능합니다.

인증서 작성란
(볼펜으로 수기 작성 해주세요.)

1. 구매처 / 주문번호
   :

2. 네이버카페 닉네임
   :

3. 나눔CBT ID
   :

현직 안전관리자들이 만든 책, 합격까지 함께 하겠습니다.

| 신기방기 산업안전기사 실기편은 산업안전기사 자격을 취득한 사람들과 산업현장에서 안전관리자 직무를 수행하는 사람들끼리 모여서 집필된 책입니다. 직접 겪은 수험생 시절의 경험을 바탕으로 최단 시간에 자격증을 취득할 수 있도록 핵심을 요약했습니다.

| 필답형은 키워드 정리를 통해 더 쉽게 외울 수 있도록 하였습니다.

| 작업형은 현장에서 직접 사용하고 있는 기계, 기구, 안전용품 등을 직접 촬영하여 수험생들의 이해도를 더욱 높였습니다.

| 2025년 개정된 법에 따라 정리하였으며, 전면 개정된 산업안전보건기준에 관한 규칙을 이론과 문제풀이에 반영하였습니다.

| 구매자 모두에게 책 내용 그대로 공부할 수 있는 CBT 프리미엄 모드를 제공하여 암기에 최적화된 공부를 하실 수 있습니다.

목 차

- 004P_ 필답
- 114P_ 계산
- 134P_ 작업형
- 279P_ 안전보건표지

산안기 공부의 모든 것, 나눔에 다 있습니다.

Youtube에서 '나눔CBT' 검색하시면,
계산, 최다빈출 동영상강의를 보실 수 있습니다. (구독과 좋아요 눌러주세요♥)

blog.naver.com/nanumsafe 나눔출판 블로그에서는
지속적으로 업데이트되는 안전자료를 보실 수 있습니다.

카카오톡 '신기방기 산업안전기사' 오픈채팅방에 들어오시면,
같이 공부하고, 정보를 공유하는 따뜻한 사람들을 만나실 수 있습니다.

필답

필수암기법령 _ 1번 ~ 8번

안전관리 및 안전교육 _ 9번 ~ 61번

산업안전보건법 _ 62번 ~ 74번

유해위험 _ 75번 ~ 83번

기계안전관리 _ 84번 ~ 128번

전기안전관리 _ 129번 ~ 146번

화공안전관리 _ 147번 ~ 183번

건설안전관리 _ 184번 ~ 234번

보호구 _ 235번 ~ 254번

안전보건표지 _ 255번 ~ 262번

신기방기 산업안전기사

필수암기 법령

001
1-1. 채용 시 교육 및 작업내용 변경 시 교육내용 6가지를 쓰시오.
1-2. 근로자 정기교육의 내용 6가지를 쓰시오.
1-3. 관리감독자 정기교육 6가지를 쓰시오.

① 산업안전보건법령 및 산업재해보상보험 제도에 관한 사항
② 산업안전 및 사고 예방에 관한 사항
③ 산업보건 및 직업병 예방에 관한 사항
④ 직무스트레스 예방 및 관리에 관한 사항
⑤ 직장 내 괴롭힘, 고객의 폭언 등으로 인한 건강장해예방 및 관리에 관한 사항
⑥ 위험성평가에 관한 사항

암 기 법   산/산/산/직/직/위

참고

산업안전보건법 시행규칙 별표 5
2023.09.27 개정으로 인해 위험성평가에 관한사항이 공통으로 추가되었다.

채용시 교육 및 작업내용 변경시 교육	① 산업안전보건법령 및 산업재해보상보험 제도에 관한 사항
	② 산업안전 및 사고예방에 관한 사항
	③ 산업보건 및 직업병 예방에 관한 사항
	④ 직무스트레스 예방 및 관리에 관한 사항
	⑤ 직장 내 괴롭힘, 고객의 폭언 등으로 인한 건강장해예방 및 관리에 관한 사항
	⑥ 위험성 평가에 관한 사항
	⑦ 작업개시 전 점검에 관한 사항
	⑧ 정리정돈 및 청소에 관한 사항
	⑨ 사고발생 시 긴급조치에 관한 사항
	⑩ 물질안전보건자료에 관한 사항
	⑪ 물질안전보건자료에 관한 사항
근로자 정기교육	① 산업안전보건법령 및 산업재해보상보험 제도에 관한 사항
	② 산업안전 및 사고예방에 관한 사항
	③ 산업보건 및 직업병 예방에 관한 사항
	④ 직무스트레스 예방 및 관리에 관한 사항
	⑤ 직장 내 괴롭힘, 고객의 폭언 등으로 인한 건강장해예방 및 관리에 관한 사항
	⑥ 위험성 평가에 관한 사항
	⑦ 유해·위험 작업환경 관리에 관한 사항
관리감독자 정기교육	① 산업안전보건법령 및 산업재해보상보험 제도에 관한 사항
	② 산업안전 및 사고예방에 관한 사항
	③ 산업보건 및 직업병 예방에 관한 사항
	④ 직무스트레스 예방 및 관리에 관한 사항
	⑤ 직장 내 괴롭힘, 고객의 폭언 등으로 인한 건강장해예방 및 관리에 관한 사항
	⑥ 위험성 평가에 관한 사항
	⑦ 작업공정의 유해·위험과 재해 예방대책에 관한 사항
	⑧ 표준안전 작업방법 및 지도 요령에 관한 사항
	⑨ 관리감독자의 역할과 임무에 관한 사항
	⑩ 안전보건교육 능력배양에 관한 사항
	⑪ 현장근로자와의 의사소통능력 및 강의능력 등 안전보건교육 능력 배양에 관한 사항
	⑫ 비상시또는재해발생시긴급조치에관한사항

002 특수형태근로자의 안전보건교육 최초 노무 제공 시 교육내용 5가지를 쓰시오.

① 산업안전보건법령 및 산업재해보상보험제도에 관한사항
② 산업안전 및 사고 예방에 관한사항
③ 산업보건 및 직업병 예방에 관한사항
④ 직무스트레스 예방 및 관리에 관한사항
⑤ 정리정돈 및 청소에 관한사항
⑥ 작업개시 전 점검에 관한사항

암 기 법 산/산/산/직/정/작

003 안전보건 관리규정 포함사항 4가지를 쓰시오.

① 안전 및 보건에 관한 관리조직과 그 직무에 관한 사항
② 안전보건교육에 관한 사항
③ 작업장의 안전 및 보건 관리에 관한 사항
④ 사고 조사 및 대책 수립에 관한 사항

암 기 법 안/안/작/사

필수암기 법령

004 4-1. 산업안전보건위원회의 심의·의결사항 4가지를 쓰시오.
4-2. 안전보건관리책임자의 직무사항 4가지를 쓰시오.

① 산업재해예방계획의 수립에 관한 사항
② 안전보건관리규정의 작성 및 변경에 관한 사항
③ 근로자의 안전 보건 교육에 관한 사항
④ 근로자의 건강진단등 건강 관리에 관한 사항

> 암 기 법 **산/안/근/근**

필수암기 법령

005 관리감독자 업무 4가지를 쓰시오.

① 해당 사업장의 산업보건의, 안전보건담당자, 안전관리자 보건관리자의 지도 조언에 대한 협조
② 해당 작업장의 정리 정돈 및 통로확보에 대한 확인 감독
③ 근로자의 작업복·보호구 및 방호장치의 점검과 그 착용·사용에 관한 교육·지도
④ 기계·기구 또는 설비의 안전·보건 점검 이상 유무

> 암 기 법 **해/해/근/기**

필수암기 법령

006 안전보건총괄책임자의 직무 4가지를 쓰시오.

① 위험성 평가의 실시에 관한 사항
② 도급시 산업재해 예방조치
③ 작업의 중지
④ 산업안전보건관리비의 관계수급인 간의 사용에 관한 협의 조정 및 그 집행의 감독

> 암 기 법 **위/도/작/산** (위도가 작살이 났구만~)

필답

필수암기 법령

007 안전보건관리담당자의 업무 4가지를 쓰시오.

① 안전 보건교육 실시에 관한 보좌 및 조언 지도
② 위험성평가에 관한 보좌 및 조언 지도
③ 작업환경 측정 및 개선에 관한 보좌 및 조언지도
④ 건강진단에 관한 보좌 및 조언지도

암 기 법 안/위/작/건

필수암기 법령

008 안전관리자의 업무 4가지를 쓰시오. (신출대비)

① 안전교육계획의 수립 및 안전교육 실시에 관한 보좌 및 조언지도
② 위험성평가에 관한 보좌 및 조언지도
③ 사업장 순회 점검 지도 및 조치의 건의
④ 업무수행 내용의 기록 유지

암 기 법 안/위/사/업

신기방기 꿀팁!
위 문제는 산업안전산업기사에는 출제된 적이 있으나,
산업안전기사에는 출제된 적이 없는 법령입니다. **신출대비로 꼭 외워두세요!**

안전관리 및 안전교육

009 상시근로자 50인 이상인 경우 산업안전보건위원회를 설치·운영하여야 하는 대상 사업의 종류를 5가지 적으시오.

① 토사석광업
② 목재 및 나무제품 제조업(가구는 제외)
③ 화학물질 및 화학제품 제조업
④ 비금속광물제품 제조업
⑤ 1차 금속 제조업
⑥ 금속가공제품 제조업
⑦ 자동차 및 트레일러 제조업

> 참고

사업의 종류	규모
1. 토사석 광업	상시 근로자 50명 이상
2. 목재 및 나무제품 제조업	
3. 화학물질 및 화학제품 제조업	
4. 비금속광물제품 제조업	
5. 1차 금속 제조업	
6. 금속가공제품 제조업	
7. 자동차 및 트레일러 제조업	
8. 농업	상시 근로자 300명 이상
9. 어업	
10. 소프트웨어 개발 및 공급업	
11. 컴퓨터 프로그래밍 시스템 통합 및 관리업	
12. 정보서비스업	
13. 금융 및 보험업	
14. 임대업(부동산 제외)	
15. 전문, 과학 및 기술 서비스업	
16. 사업지원 서비스업	
17. 사회복지 서비스업	
18. 건설업	공사금액 120억원 이상 (토목공사업 : 150억 이상)
19. 제 1호부터 제 20호까지의 사업을 제외한 사업	상시 근로자 100명 이상

안전관리 및 안전교육

010 자동차 및 트레일러 제조업에서
가) 안전보건관리규정을 작성해야 하는 상시근로자 수는 몇 명 이상인지 작성하시오.
나) 해당 규정에 포함되는 사항 3가지를 작성하시오.

가)
100명(이상)

나)
① 안전 및 보건에 관한 관리조직과 그 직무에 관한 사항
② 안전보건교육에 관한 사항
③ 작업장의 안전 및 보건 관리에 관한 사항
④ 사고 조사 및 대책 수립에 관한 사항

참고

안전보건관리규정을 작성해야 할 사업의 종류 및 상시근로자 수 (제25조 제1항 관련)

사업의 종류	상시근로자수
1. 농업	300명 이상
2. 어업	
3. 소프트웨어 개발 및 공급업	
4. 컴퓨터 프로그래밍 시스템 통합 및 관리업 4의 2. 영상·오디오물 제공 서비스업	
5. 정보서비스업	
6. 금융 및 보험업	
7. 임대업(부동산 제외)	
8. 전문, 과학 및 기술 서비스업 (연구개발업은 제외한다)	
9. 사업지원 서비스업	
10. 사회복지 서비스업	
11. 제 1호부터 제 4호까지, 제2호의2 및 제5호부터 제 10호까지의 사업을 제외한 사업	100명 이상

안전관리 및 안전교육

011 안전보건총괄책임자 지정대상 사업으로 상시근로자 50명 이상인 사업을 2가지 쓰시오.

① 선박 및 보트 건조업
② 1차 금속 제조업
③ 토사석 광업

[참고사항]
안전보건총괄책임자 지정대상사업정리
① 상시근로자 50명 이상인
   선박 및 보트 건조업, 1차 금속 제조업, 토사석 광업
② 상시근로자가 100명 이상인 사업
③ 관계수급인의 공사금액을 포함한, 해당 공사의
   총 공사금액이 20억원 이상인 건설업

※ 산업안전보건법 시행령 제 52조 근거 ※

안전관리 및 안전교육

012 다음 표에서 필요한 안전관리자 최소 인원을 각각 쓰시오.

① 펄프제조업	상시근로자 600명
② 고무제품 제조업	상시근로자 300명
③ 우편·통신업	상시근로자 500명
④ 건설업	공사금액 700억

① 2명
② 1명
③ 1명
④ 1명

참고

종류		안전관리자 최소인원수
펄프제조업	50명 이상 ~ 500명 미만	1명 (500명이상 2명)
고무제품제조업	50명 이상 ~ 500명 미만	1명 (500명 이상 2명)
우편·통신업	50명 이상 ~ 1000명 미만	1명 (1000명 이상 2명)
건설업	공사금액 50억 ~ 800억 미만	1명 (800억 이상 2명)

013 산업안전보건위원회 구성위원 중 근로자위원의 자격 기준 3가지를 쓰시오.

① 근로자 대표
② 근로자 대표가 지명하는 1명 이상의 명예산업안전감독관
③ 근로자 대표가 지명하는 9명 이내의 사업장의 근로자

014 산업안전보건법령 상, 사업주의 의무와 근로자의 의무를 2가지씩 쓰시오.

① 사업주의 의무
  · 이 법과 이 법에 따른 명령으로 정하는 산업재해 예방을 위한 기준을 지킬 것
  · 근로자의 신체적 피로와 정신적 스트레스 등을 줄일 수 있는 쾌적한 작업환경을 조성하고 근로조건을 개선할 것
  · 해당 사업장의 안전 보건에 관한 정보를 근로자에게 제공할 것

② 근로자의 의무
  · 근로자는 이 법과 이 법에 따른 명령으로 정하는 기준 등 산업재해 예방에 필요한 사항을 지킬 것
  · 사업주 또는 근로감독관, 공단 등 관계자가 실시하는 산업재해 방지에 관한 조치에 따를 것

안전관리 및 안전교육

015 산업안전보건법령 상, 사업장의 안전 및 보건에 관한 중요 사항을 심의·의결하기 위하여 사업장에 근로자위원과 사용자위원이 같은수로 구성되는 회의체의 이름을 쓰시오.

> 1) 산업안전보건위원회
> 2) 해당 회의의 회의 주기를 쓰시오.
> 3) 근로자위원, 사용자위원 자격을 각 1명씩 쓰시오.

1) 산업안전보건위원회

2) 분기(3개월)

3) **근로자위원**
   - 근로자 대표
   - 근로자대표가 지명하는 1명 이상의 명예산업안전감독관
   - 근로자대표가 지명하는 9명 이내의 해당 사업장의 근로자

   사용자위원
   - 해당 사업의 대표자
   - 안전관리자
   - 보건관리자
   - 산업보건의(해당 사업장에 선임되어 있는 경우로 한정한다.)
   - 해당 사업의 대표자가 지명하는 9명 이하의 해당 사업장 부서의 장

안전관리 및 안전교육

016 산업안전보건위원회의 회의록에 포함하여야 하는 사항 3가지를 쓰시오.

① 출석위원
② 개최일시 및 장소
③ 심의 내용 및 의결 결정 사항

> **참고**

제 37조(산업안전보건위원회의 회의 등)
① 법 제24조제3항에 따라 산업안전보건위원회의 회의는 정기회의와 임시회의로 구분하되, 정기회의는 분기마다 산업안전보건위원회의 위원장이 소집하며, 임시회의는 위원장이 필요하다고 인정할 때에 소집한다.
② 회의는 근로자위원 및 사용자위원 각 과반수의 출석으로 개의(開議)하고 출석위원 과반수의 찬성으로 의결한다.
③ 근로자대표, 명예산업안전감독관, 해당 사업자의 대표자, 안전관리자 또는 보건관리자는 회의에 출석할 수 없는 경우에는 해당 사업에 종사하는 사람 중에서 1명을 지정하여 위원으로서의 임무를 대리하게 할 수 있다.
④ 산업안전보건위원회는 다음 각 호의 사항을 기록한 회의록을 작성하여 갖추어 두어야 한다.
   1. 개최 일시 및 장소
   2. 출석위원
   3. 심의 내용 및 의결결정사항
   4. 그 밖의 토의·사항

필답

안전관리 및 안전교육

017 노사협의체를 설치하여야 하는 대상 사업장과 노사협의체 정기회의 개최주기를 쓰시오.

| ① 대상 사업장 |
| ② 정기회의 개최주기 |

① 공사금액이 120억원 (토목공사업은 150억원) 이상인 건설업
② 2개월 마다

안전관리 및 안전교육

018 안전관리자 증원·교체임명을 명할 수 있는 경우 4가지를 쓰시오.

① 해당 사업장의 연간 재해율이 같은 업종의 평균 재해율의 2배 이상인 경우
② 중대재해가 연간 2건 이상 발생한 경우
③ 관리자가 질병이나 그 밖의 사유로 3개월 이상 직무를 수행할 수 없게 된 경우
④ 화학적 인자로 인한 직업성 질병자가 연간 3명 이상 발생한 경우

안전관리 및 안전교육

019 산업안전보건법에 정의하는 중대재해에 해당하는 3가지를 쓰시오.

① 사망자가 1인 이상 발생한 재해
② 3개월이상 요양이 필요한 부상자가 동시에 2인이상 발생한 재해
③ 부상자 또는 직업성 질병자가 동시에 10인 이상 발생한 재해

암기법 사1/요2/동10

안전관리 및 안전교육

020 산업재해 발생 건수 및 재해율 또는 그 순위 등을 공표 할수 있는 대상사업장의 종류 2가지를 쓰시오.

① 중대산업사고가 발생한 사업장
② 산업재해 발생 사실을 은폐한 사업장

> 암기법 : 중대산업/산업재해

안전관리 및 안전교육

021 산업재해 조사 시 유의하여야 할 사항 4가지를 쓰시오.

① 사실을 수집한다.
② 2인이상 조사를 실시한다.
③ 종료까지 현장을 보존한다.
④ 목격자 증언 이외의 추측의 말은 참고로만 한다.
⑤ 책임추궁보다 재발방지에 힘을 기울인다.

안전관리 및 안전교육

022 도급사업의 합동 안전·보건점검을 하는 경우, 점검반으로 구성 하여야 하는 사람 3명을 쓰시오.

① 도급인
② 관계수급인
③ 도급인 및 관계수급인의 근로자 각 1명씩

안전관리 및 안전교육

023 환경미화 업무 근로자를 종사시키는 경우, 설치해야 할 위생시설 4가지를 쓰시오.

① 휴게시설
② 세면·목욕시설
③ 세탁시설
④ 탈의시설
⑤ 수면시설

필답

안전관리 및 안전교육

024 사업주가 중대재해가 발생한 사실을 알게 된 경우, 지체 없이 사업장 소재지를 관할하는 지방고용노동관서의 장에게 전화·팩스 또는 그 밖의 적절한 방법으로 보고해야 하는 사항을 4가지를 쓰시오.

① 발생 개요
② 피해 상황
③ 조치
④ 전망

암 기 법 발/피/조/전

안전관리 및 안전교육

025 산업재해조사표에 작성하여야 하는 상해종류 4가지를 쓰시오.

① 골절
② 자상
③ 좌상
④ 타박상
⑤ 청력장해
⑥ 시력장해
⑦ 화상
⑧ 뇌진탕
⑨ 익사
⑩ 피부병

안전관리 및 안전교육

026 산업재해조사표의 주요 조사항목이 아닌 것을 고르시오.

① 발생일시	② 재해발생원인
③ 목격자 인적사항	④ 발생형태
⑤ 상해종류	⑥ 재해발생 후 첫 출근일자
⑦ 기인물	⑧ 고용형태
⑨ 가해물	⑩ 휴업일수

③ 목격자 인적사항
⑥ 재해발생 후 첫 출근일자
⑨ 가해물

참고: 산업재해조사표

필답

안전관리 및 안전교육

027 다음 보기의 설명에 해당하는 재해발생 형태를 적으시오.

> ① 폭발과 화재, 두 현상이 복합적으로 발생한 경우
> ② 바닥면과 신체가 떨어진 상태로 더 낮은 위치로 떨어진 경우
> ③ 바닥면과 신체가 접해있는 상태에서 더 낮은 위치로 떨어진 경우
> ④ 재해자가 넘어짐으로 인해 기계의 동력 전달 부위 등에 끼이는 사고가 발생하여 신체가 절단 된 경우

① 폭발
② 떨어짐
③ 넘어짐
④ 끼임

참고

KOSHA GUIDE G-83-2016에 기록된 정의

'떨어짐'의 정의 → 사람이 중력에 의해 건축물, 구조물, 가설물, 수목, 사다리 등의 높은 곳에서 떨어지면서 자유낙하 하는 것

'넘어짐'의 정의 → 사람이 거의 평면 또는 경사면, 층계 등에서 구르거나 넘어지는 경우

안전관리 및 안전교육

028 산업재해 발생시의 조치순서를 나타내었다. 빈칸에 알맞은 내용을 쓰시오.

(①) → (②) → 원인강구 → 대책수립 → (③) → 실시 → (④)

① 긴급처리
② 재해조사
③ 대책실시계획
④ 평가

암기법 긴/재/원/대/대/실/평

참고

긴급처리 → 재해조사 → 원인강구 → 대책수립 → 대책실시계획 → 실시 → 평가

029 근로불능상해 종류에 대해 쓰시오.

① 영구 전 노동 불능상해
② 영구 일부 노동 불능상해
③ 일시 전 노동 불능상해
④ 일시 일부 노동 불능상해

① 부상의 결과 노동기능을 완전히 잃은 부상정도
② 부상의 결과 신체부분의 일부가 노동 기능을 상실한 부상정도
③ 의사의 진단에 따라 일정기간 정규노동에 종사할 수 없는 상해정도
④ 의사의 진단에 따라 정규노동에 종사할 수 없는 상해정도

030 산업재해 기록 분류에 관한 지침상, 다음과 같은 내용으로 재해를 분석하시오.

근로자가 작업장 통로를 걷다가 바닥의 기름에 미끄러져 넘어져서, 선반에 머리를 부딪혀 부상을 당하였다. 다음과 같은 내용으로 재해를 분석하시오.

가) 재해발생형태 : (①   )
나) 기인물 : (②   )
다) 가해물 : (③   )

① 넘어짐
② 기름
③ 선반

> 신기방기 꿀팁!
> 기인물은 '**원인**' 가해물은 '**가해원인**'(가해자)라고 생각하면 이해하기 쉬움

필답

안전관리 및 안전교육

031 다음표는 산업재해 통계적 분석방법이다. ( )에 알맞은 내용을 쓰시오.

- 사고의 유형, 기인물 등 항목값이 큰 순서대로 정리한다. (①)
- 특성과 재해요인을 어골상으로 세분화하여 나타낸다. (②)
- 2개 이상의 문제관계를 분석하여 사용한다. (③)
- 재해발생 건수의 대략적인 추이를 파악하여 사용한다. (④)

① 파레토도
② 특성요인도
③ 크로스 분석
④ 관리도

안전관리 및 안전교육

032 산업재해예방 4원칙을 쓰시오.

① 예방가능의 원칙 : 모든 재해는 예방이 가능하다.
② 손실우연의 원칙 : 사고의 결과 손실은 우연히 발생한다.
③ 원인연계의 원칙 : 사고의 원인이 있고, 그 원인은 연계되어있다.
④ 대책선정의 원칙 : 사고의 원인에 대한 대책선정이 가능하다.

안전관리 및 안전교육

033 안전인증기관이 심사하는 심사의 종류 4가지를 쓰시오.

① 예비심사
② 서면심사
③ 기술능력 및 생산체계 심사
④ 제품심사

암기법 예/서/기/제

안전관리 및 안전교육

034 시몬즈 방식에 의한 비보험 코스트 항목 4가지를 쓰시오.

① 휴업상해
② 통원상해
③ 구급조치상해
④ 무상해 사고

암기법 휴/통/구/무

안전관리 및 안전교육

035 안전인증 전부 또는 일부가 면제되는 경우 3가지를 적으시오.

① 연구개발 목적으로 제조·수입하거나, 수출을 목적으로 제조하는 경우
② 고용노동부장관이 고시하는 외국의 안전인증기관에서 인증을 받은 경우
③ 타 법령에서 안전성에 관한 검사나 인증을 받은 경우

암기법 연/고/타

안전관리 및 안전교육

036 안전인증대상 기계 또는 설비를 5가지 쓰시오.

① 프레스
② 전단기 및 절곡기
③ 크레인
④ 리프트
⑤ 압력용기
⑥ 롤러기
⑦ 곤돌라
⑧ 사출성형기
⑨ 고소작업대

암기법 프/전/크/리/압/롤/곤/사/고

필답

안전관리 및 안전교육

037 안전인증대상 기계기구 중 설치 이전 하는 경우 안전인증을 받아야하는 기계 기구를 3가지 쓰시오.

① 크레인
② 리프트
③ 곤돌라

참고 산업안전보건법 시행규칙 제107조

설치·이전하는 경우 안전인증을 받아야 하는 기계	① 크레인 ② 리프트 ③ 곤돌라
주요 구조 부분을 변경하는 경우 안전인증을 받아야 하는 기계 및 설비	① 프레스 ② 전단기 및 절곡기 ③ 크레인 ④ 리프트 ⑤ 압력용기 ⑥ 롤러기 ⑦ 사출성형기 ⑧ 고소작업대 ⑨ 곤돌라

안전관리 및 안전교육

038 안전인증대상 방호장치를 5가지 쓰시오.

① 프레스 및 전단기 방호장치
② 양중기용 과부하방지장치
③ 보일러 압력방출용 안전밸브
④ 압력용기 압력방출용 안전밸브
⑤ 압력용기 압력방출용 파열판
⑥ 절연용 방호구 및 활선작업용 기구
⑦ 방폭구조 전기기계 기구 및 부품
⑧ 추락·낙하 및 붕괴 등의 위험 방지 및 보호에 필요한 가설기자재로서 고용노동부 장관이 정하여 고시하는 것
⑨ 충돌·협착 등의 위험 방지에 필요한 산업용 로봇 방호장치로서 고용노동부장관이 정하여 고시하는 것

암기법 프/양/보/압/압/절/방

안전관리 및 안전교육

039 안전인증대상 보호구를 5가지 쓰시오.

① 안전대
② 안전화
③ 안전장갑
④ 방진마스크
⑤ 방독마스크
⑥ 송기마스크

안전관리 및 안전교육

040 산업안전보건법령 상, 안전인증 심사 중 형식별 제품심사기간을 60일로 하는 안전인증대상 보호구를 5가지 쓰시오.

① 안전화
② 안전장갑
③ 방진마스크
④ 방독마스크
⑤ 송기마스크
⑥ 전동식 호흡보호구
⑦ 보호복
⑧ 추락 및 감전 위험방지용 안전모

참고

산업안전보건법 시행규칙 110조
4. 제품심사
가. 개별 제품심사 : 15일
나. 형식별 제품심사 : 30일
(영 제74조 제1항 제 2호사목의 방호장치와 같은 항 제3호가목부터 아목까지의 보호구는 60일)

순번 및 보호구	심사일
가. 추락 및 감전 위험방지용 안전모	60일
나. 안전화	60일
다. 안저장갑	60일
라. 방진마스크	60일
마. 방독마스크	60일
바. 송기(送氣) 마스크	60일
사. 전동식 호흡보호구	60일
아. 보호복	60일
자. 안전대	30일
차. 차광(遮光) 및 비산물(飛散物) 위험방지용 보안경	30일
카. 용접용 보안면	30일
타. 방음용 귀마개 또는 귀덮개	30일

안전관리 및 안전교육

041 자율안전 확인 대상 기계기구 및 설비의 종류를 쓰시오.

① 자동차정비용 리프트
② 연삭기 및 연마기
③ 산업용 로봇
④ 파쇄기 혹은 분쇄기
⑤ 컨베이어
⑥ 공작기계
⑦ 식품가공용 기계
⑧ 혼합기
⑨ 인쇄기
⑩ 고정형 목재가공용 기계

암기법 자연산파컨/공식혼인(신)고

참고

	안전인증
기계·기구	① 프레스 ② 전단기 및 절곡기 ③ 크레인 ④ 리프트 ⑤ 압력용기 ⑥ 롤러기 ⑦ 곤돌라 ⑧ 사출성형기 ⑨ 고소작업대
방호장치	① 프레스 및 전단기 방호장치 ② 양중기용 과부하방지장치 ③ 보일러 압력방출용 안전밸브 ④ 압력용기 압력방출용 안전밸브 ⑤ 압력용기 압력방출용 파열판 ⑥ 절연용 방호구 및 활선작업용 기구 ⑦ 방폭구조 전기기계 기구 및 부품 ⑧ 추락·낙하 및 붕괴 등의 위험 방지 및 보호에 필요한 가설기자재로서 고용노동부장관이 정하여 고시하는 것 ⑨ 충돌·협착 등의 위험 방지에 필요한 산업용 로봇 방호장치로서 고용노동부장관이 정하여 고시하는 것
보호구	① 추락 및 감전 위험방지용 안전모 ② 안전화 ③ 안전장갑 ④ 방진마스크 ⑤ 방독마스크 ⑥ 송기마스크 ⑦ 전동식 호흡보호구 ⑧ 보호복 ⑨ 안전대 ⑩ 차광 및 비산물 위험방지용 보안경 ⑪ 용접용 보안면 ⑫ 방음용 귀마개 또는 귀덮개

안전관리 및 안전교육

042 자율안전 확인 대상 방호장치의 종류를 쓰시오.

① 연삭기 덮개
② 목재가공용 둥근톱 반발예방장치 및 날접촉 예방장치
③ 동력식 수동대패의 칼날 접촉방지장치
④ 추락·낙하 및 붕괴 등의 위험방호에 필요한 가설 기자재
⑤ 아세틸렌·가스집합 용접장치용 안전기
⑥ 롤러기 급정지장치
⑦ 교류 아크용접기용 자동 전격방지기

> **암기법**
> **연목동 추락**(해서)
> **아**(이) **스**(크림) / **롤**(케이크)
> **교**(차 구매해)

참고

	자율안전확인대상
기계·기구	① 자동차정비용 리프트 ② 연삭기 및 연마기 ③ 산업용 로봇 ④ 파쇄기 OR분쇄기 ⑤ 컨베이어 ⑥ 공작기계 ⑦ 식품가공용 기계 ⑧ 혼합기 ⑨ 인쇄기 ⑩ 고정형 목재가공용 기계
방호장치	① 연삭기 덮개 ② 목재가공용 둥근톱 반발예방장치 및 날접촉 예방장치 ③ 동력식 수동대패의 칼날 접촉방지장치 ④ 추락·낙하 및 붕괴 등의 위험방호에 필요한 가설 기자재 ⑤ 아세틸렌·가스집합 용접장치용 안전기 ⑥ 롤러기 급정지장치 ⑦ 교류아크용접기용 자동전격 방지기
보호구	① 안전모(안전인증 제외) ② 보안경(안전인증 제외) ③ 보안면(안전인증 제외)

| 필답 | |

안전관리 및 안전교육

043 안전인증 대상 제품이 표시해야 할 사항 5가지를 적으시오.

① 제조자명
② 안전인증번호
③ 제조번호 및 제조연월
④ 모델명 또는 형식
⑤ 규격 또는 등급

암기법 제/안/제/모/규(규)

안전관리 및 안전교육

044 전자기기 또는 방폭부품의 최소표시사항 5가지 적으시오.

① 형식
② 기호EX 및 방폭구조기호
③ 인증서 발급기관의 이름 또는 마크, 합격번호
④ 제조자의 이름 또는 등록상표
⑤ X 또는 U 기호(단, 기호 X와 U를 함께 사용할 수 없음)

암기법 형기는 인제 아니야(X)

안전관리 및 안전교육

045 산업안전보건법상의 천정크레인 안전검사 주기에 관한 사항이다. 괄호에 적합한 내용을 쓰시오.

사업장에 설치가 끝난 날부터 (①)년 이내에 최초 안전검사를 실시, 그 이후부터 매 (②)년, 건설현장에서 사용하는 것은 최초로 설치한 날로부터 (③)개월 마다, 안전검사를 실시한다.

① 3년
② 2년
③ 6개월

046

( ) 안에 알맞은 말을 쓰시오.

> 가) 산업용 로봇은 설치가 끝난 날로부터 (①)년 이내 최초안전검사 실시
> 최초 안전검사 실시 이후 매 (②)년 마다 정기적으로 실시
>
> 나) 건설현장에서 사용하는 리프트 곤돌라는 최초로 설치한 날부터
> (③)개월 마다 실시

① 3년
② 2년
③ 6개월

047

자율검사 프로그램의 인정 취소 및 개선을 명할 수 있는 경우 4가지를 쓰시오.

① 거짓이나 그 밖의 부정한 방법으로 자율검사 프로그램을 인정받은 경우
② 자율검사 프로그램을 인정받고도 검사를 하지 아니한 경우
③ 인정받은 자율 검사 프로그램의 내용에 따라 검사를 하지 아니한 경우
④ 자율안전검사 자격을 갖춘 자 또는 자율안전검사기관이 검사를 하지 아니한 경우

안전관리 및 안전교육

049 하인리히 재해 구성 비율 1 : 29 : 300의 법칙의 의미에 대해서 설명하시오.

① 중상 또는 사망 1회
② 경상 29회
③ 무상해 사고 300회

참고

	단계	단계별 내용
하인리히	1단계	선천적 결함 (유전과 환경)
	2단계	개인적 결함
	3단계	직접적 원인 (불안전한 행동 및 불안전한 상태)
	4단계	사고
	5단계	상해
버드	1단계	관리(통제)의 부족
	2단계	기본적 원인
	3단계	직접적 원인 (불안전한 행동 및 불안전한 상태)
	4단계	사고
	5단계	상해
아담스	1단계	관리적 결함 (관리구조)
	2단계	작전적 에러
	3단계	전술적 에러
	4단계	사고
	5단계	상해
웨버	1단계	유전과 환경
	2단계	개인적 결함
	3단계	직접적 원인 (불안전한 행동 및 불안전한 상태)
	4단계	사고
	5단계	상해

048 안전관리 및 안전교육

보기를 참고하여, 하인리히와 버드의 이론에 해당하는 번호를 고르시오.

| ① 전술적 에러 |
| ② 기본적 원인 |
| ③ 직접적 원인 (불안전한 행동 및 불안전한 상태) |
| ④ 작전적 에러 |
| ⑤ 사고 |
| ⑥ 관리적 결함 (관리구조) |
| ⑦ 관리(통제)의 부족 |
| ⑧ 개인적 결함 |
| ⑨ 상해 |
| ⑩ 선천적 결함 (유전과 환경) |

(1) 하인리히 : 3, 5, 8, 9, 10
(2) 버드 : 2, 3, 5, 7, 9

050 안전관리 및 안전교육

하인리히의 사고방지 이론 5단계를 쓰시오.

1단계 : 안전조직
2단계 : 사실의 발견
3단계 : 분석
4단계 : 시정방법 선정
5단계 : 시정책 적용

암기법 안사분/시정/적

051 안전관리 및 안전교육

안전보건교육의 종류 4가지를 쓰시오.

① 정기교육
② 특별교육
③ 채용 시 교육
④ 작업내용 변경 시 교육
⑤ 건설업 기초안전·보건교육

암기법 정/특/채/작

필답

안전관리 및 안전교육

052 괄호안에 적합한 교육시간을 적으시오.

교육대상	교육시간	
	신규교육	보수교육
안전보건관리책임자	(①)시간	6시간
안전보건관리담당자	–	(②)시간
안전검사기관·자율안전검사기관의 종사자	34시간	24시간
석면기관 종사자	34시간	24시간
재해예방 전문지도기관 종사자	34시간	24시간
보건관리자·보건관리전문기관의 종사자	(③)시간	24시간
안전관리자·안전관리전문기관 종사자	34시간	24시간
보건관리자·보건관리전문기관 종사자	34시간	(④)시간

① 6시간 이상
② 8시간 이상
③ 34시간 이상
④ 24시간 이상

참고

안전보건관리책임자 신규교육 6시간 이상 · 보수교육 6시간 이상
안전보건관리담당자 신규교육은 없으며, 보수교육만 8시간 이상

교육대상	교육시간	
	신규교육	보수교육
안전보건관리책임자	6시간	6시간
안전보건관리담당자	–	8 시간
안전검사기관·자율안전검사기관의 종사자	34시간	24시간
석면기관 종사자	34시간	24시간
재해예방 전문지도기관 종사자	34시간	24시간
보건관리자·보건관리전문기관 종사자	34시간	24시간
안전관리자·안전관리전문기관 종사자	34시간	24시간

안전관리 및 안전교육

053 근로자 안전보건교육 관련 교육시간에 대해 적합한 시간을 쓰시오.

> 사무직 종사근로자의 정기교육시간 : (①)
> 판매업무에 직접 종사하는 근로자 외의 정기교육시간 : (②)
> 일용근로자를 제외한 근로자의 채용 시 교육시간 : (③)
> 일용근로자를 제외한 근로자의 작업내용 변경 시 교육시간 : (④)
> 타워크레인 신호작업에 종사하는 일용근로자의 특별교육시간 : (⑤)
> 건설업 일용근로자의 건설업 기초 안전보건교육 시간 : (⑥)

① 매 반기 6시간 이상
② 매 반기 12시간 이상
③ 8시간 이상
④ 2시간 이상
⑤ 8시간 이상
⑥ 4시간 이상

참고

교육과정	교육대상		교육시간
정기교육	사무직 종사 근로자		매 반기 6시간 이상
	사무직 종사 근로자 외의 근로자	판매직	매 반기 6시간 이상
		판매직 외	매 반기 12시간 이상
	관리감독자		연간 16시간 이상
채용시 교육	일용근로자		1시간 이상
	근로계약이 1주일 초과 1개월 이하 기간제 근로자		4시간 이상
	일용근로자 제외		8시간 이상
작업내용 변경시 교육	일용근로자		1시간 이상
	일용근로자 제외		2시간 이상
건설업 기초 안전·보건교육	건설 일용근로자		4시간 이상
특별교육	일용근로자		2시간 이상
	일용근로자 제외		2시간 이상(단기간 작업) 16시간 이상 (최초 작업전 4시간, 3개월 이내 12시간 분할교육)
	타워크레인 신호작업에 종사하는 일용근로자		8시간 이상

필답

안전관리 및 안전교육

054 「산업안전보건법령」상, 사업주가 근로자에게 시행해야 하는 안전보건교육 중, 건설업 기초 안전·보건교육의 내용을 2가지만 쓰시오.

① 건설공사의 종류(건축/토목 등) 및 시공 절차
② 산업재해 유형별 위험요인 및 안전보건조치
③ 안전보건관리체제 현황 및 산업안전보건 관련 근로자 권리·의무

안전관리 및 안전교육

055 소프트웨어 개발 및 공급업에서 안전보건관리규정을 작성해야 하는 상시근로자수 및 안전보건관리규정에 포함 될 사항 3가지를 쓰시오.

> 가) 안전보건관리규정을 작성해야 하는 상시근로자수 : (①) 명 이상
> 나) 안전보건관리규정에 포함될 사항 3가지

가) ① 300명이상
나) ① 안전 및 보건에 관한 관리조직과 그 직무에 관한 사항
　② 안전보건교육에 관한 사항
　③ 작업장의 안전 및 보건 관리에 관한 사항
　④ 사고 조사 및 대책 수립에 관한 사항

암기법 안/안/작/사

안전관리 및 안전교육

056 데이비스의 동기부여 이론이다. ( )안에 알맞은 내용을 쓰시오.

> 가) 능력 = (①) x (②)
> 나) 동기 = (③) x (④)

① 지식　② 기능
③ 상황　④ 태도

암기법 인/물/경　지/기/능
　　　　상/태/동　능/동/인

참고

데이비스 동기부여 이론
인간의 성과 x 물질의 성과 = 경영의 성과
지식 x 기능 = 능력
상황 x 태도 = 동기유발
능력 x 동기유발 = 인간의 성과

안전관리 및 안전교육

057 다음 표는 매슬로우의 욕구단계 이론과 알더퍼의 ERG이론을 표현하였다. 빈 칸에 알맞은 내용을 쓰시오.

순서	욕구단계론	ERG이론
제1단계	생리적 욕구	생존욕구
제2단계	(①)	
제3단계	(②)	(③)
제4단계	존경의 욕구	
제5단계	자아실현의 욕구	(④)

① 안전의 욕구
② 사회적 욕구
③ 관계 욕구
④ 성장 욕구

암기법 욕구단계론/생안사존자

암기법 ERG이론/생관성

참고

순서	욕구단계론	ERG이론
제1단계	생리적 욕구	생존욕구
제2단계	안전의 욕구	
제3단계	사회적 욕구	관계욕구
제4단계	존경의 욕구	
제5단계	자아실현의 욕구	성장욕구

안전관리 및 안전교육

058 인간의 주의 특성 종류 3가지를 적고, 구체적인 사항을 서술하시오.

① 선택성 : 여러 종류의 자극을 자각할 때 소수의 특정한 것에 한하여 선택하여 집중한다.
② 방향성 : 한 곳에 주의하면 다른 곳의 주의가 약해진다.
③ 변동성 : 주의에는 주기적으로 부주의적 리듬이 존재한다.

암기법 선/방/변

필답

안전관리 및 안전교육

059 인간관계의 매커니즘 관련하여 ( )안에 알맞은 것을 쓰시오.

> 가 - (①) : 자기 속의 억압된 것을 다른 사람의 것으로 생각하는 것
> 나 - (②) : 다른 사람의 행동 양식이나 태도를 투입시키거나 다른 사람 가운데서 자기와 비슷한 점을 발견하는 것
> 다 - (③) : 남의 행동이나 판단을 표본으로 하여 그것과 같거나 또는 그것에 가까운 행동 또는 판단을 취하는 것
> 라 - (④) : 자신의 결함과 무능에 의하여 생긴 열등감이나 긴장감을 해소시키기 위해 장점 같은 것으로 그 결함을 보충
> 마 - (⑤) : 자기의 실패나 약점을 그럴 듯한 이유를 들어 남에게 비난받지 않도록 하는 것
> 바 - (⑥) : 억압당한 욕구를 다른 가치있는 목적을 실현하도록 노력함으로써 욕구를 충족

① 투사
② 동일화
③ 모방
④ 보상
⑤ 합리화
⑥ 승화

안전관리 및 안전교육

060 적응기제에서 다음 각 종류 4가지씩 쓰시오.

(1) 방어기제
(2) 도피기제

(1) 방어기제
① 투사 ② 승화 ③ 보상 ④ 합리화

(2) 도피기제
① 고립 ② 퇴행 ③ 억압 ④ 백일몽

> **암기법** 방어기제/투승보합
> **암기법** 도피기제/고퇴억백

안전관리 및 안전교육

061 파블로프의 학습의 원리 4가지를 서술하시오.

① 일관성의 원리
② 시간의 원리
③ 강도의 원리
④ 계속성의 원리

> **암기법** 일/시/강/계

산업안전보건법

062 산업안전보건법 상, 다음과 같은 장소에 설치해야하는 경고표지의 종류를 쓰시오.

> ① 돌 및 블록 등 떨어질 우려가 있는 물체가 있는 장소
> ② 미끄러운 장소 등 넘어지기 쉬운 장소
> ③ 휘발유 등 화기의 취급을 극히 주의해야하는 물질이 있는 장소
> ④ 폭발성 물질이 있는 장소
> ⑤ 가열 · 압축하거나 강산 · 알칼리 등을 첨가하면 강한 산화성을 띄는 물질이 있는 장소

① 낙하물 경고
② 몸균형상실 경고
③ 인화성물질 경고
④ 폭발성물질 경고
⑤ 산화성물질 경고

산업안전보건법

063 산업안전보건법령 상 건강 진단의 종류 4가지를 쓰시오.

① 일반 건강진단
② 특수 건강진단
③ 수시 건강진단
④ 임시 건강진단
⑤ 배치 전 건강진단

산업안전보건법

064 산업안전보건법령에 따른 공정안전보고서에 포함 되어야 하는 사항 4가지를 쓰시오.

① 공정안전자료
② 공정위험성 평가서
③ 안전운전계획
④ 비상조치계획

암기법 공/공/안/비

065

다음 빈 칸은 산업안전보건법에 따른 공정안전보고서 이행 상태평가에 관한 내용이다. 빈 칸을 쓰시오.

> 가) 고용노동부장관은 공정안전보고서의 확인 후 1년이 경과한 날로부터 (①) 이내에 공정안전보고서 이행상태에 대한 평가를 해야한다.
> 나) 사업주가 이행 평가에 대한 추가 요청을 하면 (②) 기간 내에 이행 평가를 할 수 있다.

① 2년
② 1년 또는 2년

066

괄호 안에 알맞은 것을 쓰시오.

> (①)를 작성할 때 (②)의 심의를 거쳐야 한다.
> 다만, 산업안전보건위원회가 설치 되어 있지 아니 한 사업장의 경우에는 근로자 대표의 의견을 들어야 한다.

① 공정안전보고서
② 산업안전보건위원회

067

공정안전보고서 내용 중 안전작업허가 지침에 포함되어야하는 위험작업의 종류 5가지를 쓰시오.

① 화기작업
② 정전작업
③ 굴착작업
④ 고소작업
⑤ 방사선 사용작업

산업안전보건법

068 「산업안전보건법령」상, 사업주는 사업장에 유해하거나 위험한 설비가 있는 경우, 중대산업사고를 예방하기 위하여 대통령령으로 정하는 바에 따라 공정안전보고서를 작성하고 고용노동부장관에게 제출하여 심사를 받아야 한다. 아래의 물질을 제조·취급·저장하는 설비에 공정안전 보고서를 작성해야 하는 기준을 쓰시오.

유해위험물질	규정량 (kg)
인화성 가스	제조·취급 : (①) 저장 : 200,000
암모니아	제조·취급·저장 : (②)
염산 (중량 20%이상)	제조·취급·저장 : (③)
황산 (중량 20%이상)	제조·취급·저장 : (④)

① 5,000kg
② 10,000kg
③ 20,000kg
④ 20,000kg

참고

유해위험물질	규정량(kg)
인화성 가스	제조·취급 : 5,000kg 저장 : 200,000
암모니아	제조·취급·저장 : 10,000kg
염산(중량 20%이상)	제조·취급·저장 : 20,000kg
황산(중량 20%이상)	제조·취급·저장 : 20,000kg

산업안전보건법

069 산업안전보건법령에 의한 공정안전보고서 제출 대상에서 제출 대상이 되는 유해·위험설비로 보지 않는 시설이나 설비의 종류를 2가지 적으시오.

① 원자력 설비
② 군사시설
③ 도매·소매시설
④ 도시가스 사업법에 따른 가스공급시설
⑤ 차량 등의 운송설비
⑥ 사업주가 해당 사업장 내에서 직접 사용하기 위한 난방용 연료의 저장설비 및 사용설비

산업안전보건법

070 산업안전보건법령 상의 공정안전보고서를 제출하여야 하는 대상 사업 4가지를 쓰시오.

① 원유정제처리업
② 기타 석유정제물 재처리업
③ 화약 및 불꽃제품 제조업
④ 석유화학계 기초화학물질 제조업
⑤ 화학 살균·살충제 및 농업용 약제 제조업
⑥ 합성수지 및 기타 플라스틱물질 제조업
⑦ 질소 화합물, 질소·인산·칼리질 화학비료 제조업 중 질소질 화학비료 제조업

산업안전보건법

071 '중대산업사고' 정의 와 '중대산업사고' 예방을 위해 작성하여 고용노동부장관에게 제출해야 하는 보고서의 명칭을 쓰시오.

가) 중대산업사고
 - 유해하거나 위험한 설비가 있는 경우 그 설비로부터의 위험물질 누출, 화재 및 폭발 등으로 인하여 사업장 내의 근로자에게 즉시 피해를 주거나 사업장 인근 지역에 피해를 줄 수 있는 사고로서 대통령령으로 정하는 사고

나) 제출보고서
 - 공정안전보고서

산업안전보건법

072 공정안전보고서의 내용 중 '공정위험성 평가서'에서 적용하는 위험성 평가 기법에 있어, '저장탱크, 유틸리티 설비 및 제조공정 중 고체건조, 분쇄설비' 등 간단한 단위 공정에 대한 위험성 평가 기법 4가지를 쓰시오.

① HAZOP (위험과 운전분석기법)
② PHR (공정위험 분석기법)
③ Check List (체크리스트)
④ HEA (작업자 실수 분석)
⑤ What-if (사고예상질문 분석기법)
⑥ DMI (상대위험 순위결정)
⑦ K-PSR (공정안정성 분석기법)

073

공정안전보고서 내용 중 공정위험성평가서에 적용하는 위험성 평가 기법에 있어 '저장탱크설비, 유틸리티설비 및 제조공정 중 고체 건조/ 분쇄설비 등 간단한 단위공정'에 대한 위험성 평가 기법 중 〈보기〉에서 2가지 선택하시오.

〈보기〉
- 방호계층분석
- 이상 위험도 분석
- 작업자실수분석
- 상대위험순위결정

① 작업자실수분석
② 상대위험순위결정

참고

저장탱크, 유틸리티 설비 및 제조공정 중 고체건조 분쇄설비	제조공정 중 반응, 분리(증류·추출 등) 이송시스템 및 전기·계장 시스템
공통사항 HAZOP (위험과 운전분석기법) PHR (공정위험 분석기법) K-PSR(공정안정성분석기법)	
Check List (체크리스트)	FTA (결함수 분석)
HEA (작업자 실수 분석기법)	ETA (사건수 분석)
What-if (사고예상질문분석기법)	CCA (원인결과 분석기법)
DMI (상대 위험순위결정기법)	FEMECA (이상위험도분석기법)
-	LOPA (방호계측분석기법)

074

Hazop 기법에 사용되는 가이드워드에 관한 의미를 쓰시오.

① AS WELL AS
② PART OF
③ OTHER THAN
④ REVERSE
⑤ NO 또는 NOT
⑥ MORE 또는 LESS

① 성질상의 증가
② 일부 변경, 성질상의 감소
③ 완전대체
④ 설계의도의 논리적인 역
⑤ 완전한 부정
⑥ 양의 증가 및 감소

075 산업안전보건법령 상, 설치·이전하거나 그 주요 구조 부분을 변경하려는 경우, 유해위험방지계획서를 작성하여 고용노동부장관에게 제출하고 심사를 받아야 하는 대통령령으로 정하는 기계·기구 및 설비에 해당하는 경우를 3가지만 쓰시오. (단, 사업이나 건설공사는 제외)

① 화학설비
② 건조설비
③ 가스집합 용접장치
④ 금속이나 그 밖의 광물의 용해로
⑤ 근로자의 건강에 상당한 장해를 일으킬 우려가 있는 물질로서, 고용노동부령으로 정하는 물질의 밀폐·환기·배기를 위한 설비

076 제품의 생산 공정과 직접적으로 관련 된 건축물·기계·기구 및 설비 등 전부를 설치·이전하거나 그 주요 구조 부분을 변경 하려는 경우, 유해위험방지계획서를 제출 할 때 첨부 해야 하는 서류 3가지만 쓰시오.
(단, 그밖에 고용노동부장관이 정하는 도면 및 서류는 제외)

① 건축물 각층의 평면도
② 기계,설비의 개요를 나타내는 서류
③ 기계설비의 배치 도면
④ 원재료 및 제품의 취급,제조 등의 작업 방법의 개요

077 건설공사 유해·위험방지 계획서의 제출 기한과 첨부서류 2가지를 쓰시오.

① 제출기한 : 해당 공사의 착공 전날까지
② 첨부서류 : 공사개요 및 안전보건관리계획, 작업공사 종류별 유해 위험방지계획

078 건설공사 중 유해위험방지 계획서를 제출하여야 하는 대상 공사 4가지를 쓰시오.

① 터널 건설 등의 공사
② 깊이 10m 이상인 굴착공사
③ 최대 지간길이가 50m 이상인 교량 건설 등 공사
④ 지상 높이가 31m 이상인 건축물 또는 인공구조물
⑤ 연면적 3만제곱미터 이상인 건축물

> 참고
>
> **유해위험방지계획서 제출대상 건설공사**
>
> ① 지상높이가 31m 이상인 건축물 또는 인공구조물
> ② 연면적 3만제곱미터 이상인 건축물
> ③ 깊이 10m 이상인 굴착공사
> ④ 연면적 5천제곱미터 이상인 시설
> ⑤ 최대 지간길이가 50m 이상인 교량 건설 등 공사
> ⑥ 터널 건설 등의 공사
> · 문화 및 잡화시설 (전시장·동물원·식물원 제외)
> · 판매시설·운수시설 (고속철도의 역사 및 집배송 시설 제외)
> · 종교시설
> · 의료시설 중 종합병원
> · 숙박시설 중 관광숙박시설
> · 지하도 상가
> · 냉동·냉장 창고시설
> ⑦ 다목적댐·발전용댐 및 저수용량 2천만톤 이상의 용수전용댐 및 지방상수도 전용 댐 건설 등의 공사
> ⑧ 연면적 5천 제곱미터 이상의 냉동·냉장 창고 시설의 설비 공사 및 단열공사

필답

유해위험

079 산업안전보건법 상 전기사용설비의 정격용량의 합이 300킬로와트 이상인 사업 중 유해·위험방지계획서 작성 대상 제조업의 종류를 3가지 적으시오.

① 1차 금속 제조업
② 가구 제조업
③ 식료품 제조업
④ 전자부품 제조업
⑤ 고무제품 및 플라스틱 제품 제조업
⑥ 목재 및 나무제품 제조업
⑦ 기타 제품 제조업
⑧ 금속가공제품 제조업
⑨ 비금속 광물제품 제조업
⑩ 화학물질 및 화학제품 제조업
⑪ 자동차 및 트레일러 제조업

유해위험

080 「산업안전보건법령」상, 유해위험방지계획서 제출 대상에 해당하는 건축물 또는 시설 공사의 종류를 4가지 쓰시오.

① 가설공사
② 구조물공사
③ 마감공사
④ 기계설비공사
⑤ 해체공사

암기법 가/구/마/기/해

081 산업안전보건법령 상, [ ]에 알맞은 것을 쓰시오.

- 사업주가 작업중지의 해제를 요청할 경우에는 작업중지명령 해제신청서를 작성하여 사업장의 소재지를 관할하는 지방노동관서의 장에게 제출해야 한다.
- 사업주가 작업중지명령 해제신청서를 제출하는 경우에는 미리 유해/위험요인 개선내용에 대하여 중대재해가 발생한 해당작업 [①]의 의견을 들어야 한다.
- 지방고용노동관서의 장은 작업중지명령 해제를 요청받은 경우에는 [②](으)로 하여금 안전/보건을 위하여 필요한 조치를 확인하도록 하고, 천재지변 등 불가피한 경우를 제외하고는 해제요청일 다음날부터 [③]일 이내 (토요일과 공휴일을 포함하되, 토요일과 공휴일이 연속하는 경우에는 3일까지만 포함)에 [④]를 개최하여 심의한 후 해당조치가 완료되었다고 판단될 경우에는 즉시 작업중지명령을 해제해야 한다.

① : 근로자
② : 근로감독관
③ : 4(일)
④ : 작업중지해제심의위원회

082 산업안전보건법령 상, ( )에 알맞은 것을 쓰시오.

1) 고용노동부장관은 사업주가 필요한 안전조치 또는 보건조치를 이행하지 않아 중대재해가 발생한 사업장에 안전보건진단을 받아 (가)를 수립하여 시행할 것을 명할 수 있다.

2) 사업주는 수립/시행 명령을 받은 날부터 (나)일 이내에 관할지방 고용노동관서의 장에게 해당 계획서를 제출 해야한다.

가) 안전보건개선계획서
나) 60일

필답

유해위험

083 산업안전보건법 시행령에서 "대통령령으로 정하는 회사"란 다음 각 호의 어느 하나에 해당하는 회사를 말하는 것인 괄호 안을 작성 하시오.

> ① 상시근로자 (   ) 이상을 사용하는 회사
> ② 시공능력순위 상위 (   ) 이내의 건설 회사

① 500명
② 1천위

참고

산업안전보건법 시행령
제13조(이사회 보고·승인 대상 회사 등) ① 법 제14조제1항에서 "대통령령으로 정하는 회사"란 다음 각 호의 어느 하나에 해당하는 회사를 말한다.

1. 상시근로자 500명 이상을 사용하는 회사

2. 「건설산업기본법」 제23조에 따라 평가하여 공시된 시공능력(같은 법 시행령 별표 1의 종합공사를 시공하는 업종의 건설업종란 제3호에 따른 토목건축공사업에 대한 평가 및 공시로 한정한다)의 순위 상위 1천위 이내의 건설회사

② 법 제14조제1항에 따른 회사의 대표이사(「상법」 제408조의2제1항 후단에 따라 대표이사를 두지 못하는 회사의 경우에는 같은 법 제408조의5에 따른 대표집행임원을 말한다)는 회사의 정관에서 정하는 바에 따라 다음 각 호의 내용을 포함한 회사의 안전 및 보건에 관한 계획을 수립해야 한다.

1. 안전 및 보건에 관한 경영방침
2. 안전·보건관리 조직의 구성·인원 및 역할
3. 안전·보건 관련 예산 및 시설 현황
4. 안전 및 보건에 관한 전년도 활동실적 및 다음 연도 활동계획

기계안전관리

084 로봇 작업에 대한 특별안전 보건교육을 실시 시 교육 내용 4가지를 쓰시오.

① 로봇의 기본 원리 구조 및 작업방법에 관한 사항
② 이상 발생시 응급조치에 관한 사항
③ 조작 방법 및 작업순서에 관한 사항
④ 안전시설 및 안전기준에 관한 사항

> 암기법 로/이/조/안

기계안전관리

085 로봇의 작동 범위 내에서 오조작에 의한 위험을 방지하기 위하여, 수립하여야 하는 지침 사항 4가지를 쓰시오.

① 로봇의 조작방법 및 순서
② 작업 중의 매니퓰레이터의 속도
③ 2명 이상의 근로자에게 작업을 시킬 경우의 신호방법
④ 이상을 발견한 경우의 조치

> 암기법 로/작/2/이

기계안전관리

086 로봇의 작동범위 내에서 그 로봇에 관하여 교시 등의 작업을 할 때, 작업 시작 전 점검 사항 3가지를 쓰시오.

① 외부 전선의 피복 또는 외장의 손상유무
② 매니퓰레이터의 작동의 이상 유무
③ 제동장치 및 비상정지장치의 기능

> 암기법 외/매/제

필답

기계
안전
관리

087 위험점의 종류 및 정의를 쓰시오.

① 협착점 : 왕복운동을 하는 동작부분과 운동이 없는 고정부분 사이에 형성되는 위험점
② 끼임점 : 회전운동을 하는 동작부분과 운동이 없는 고정부분이 함께 형성하는 위험점
③ 물림점 : 회전하는 2개의 회전체에 물려 들어갈 위험점
④ 접선물림점 : 회전 부분의 접선방향으로 물려 들어갈 위험점
⑤ 절단점 : 회전하는 운동부 자체 및 운동하는 기계부분 자체의 위험점
⑥ 회전말림점 : 회전하는 물체에 작업복 등이 말려 들어갈 위험점

> 참고

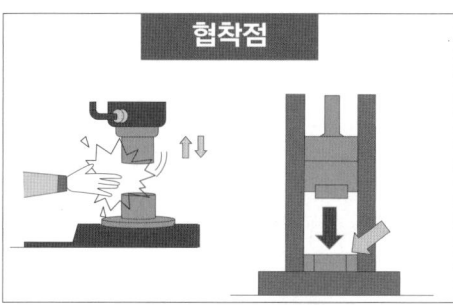
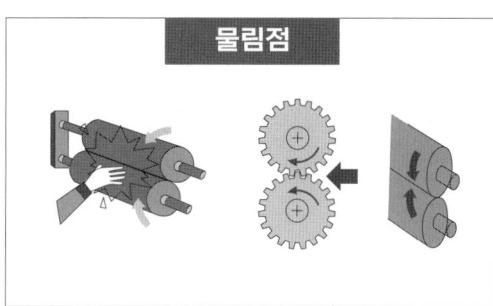
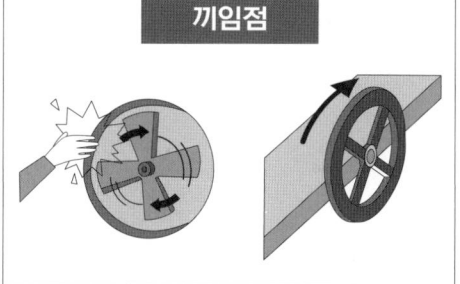
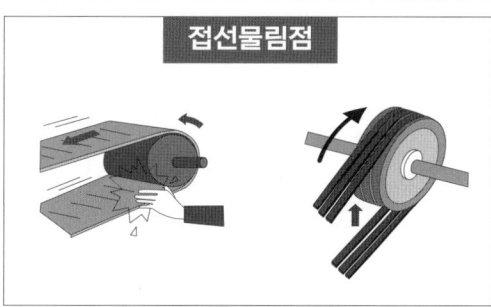
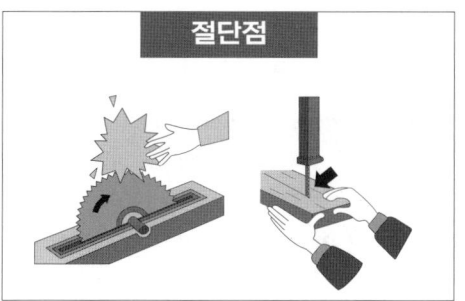

기계 안전 관리

088 기계 설비의 근원적 안전을 확보하는 방안 4가지를 쓰시오.

① 기능의 안전화
② 구조의 안전화
③ 외형의 안전화
④ 보전작업의 안전화
⑤ 표준화

기계 안전 관리

089 부품 배치의 4원칙을 쓰시오.

① 중요성의 원칙
② 사용빈도의 원칙
③ 기능별 배치의 원칙
④ 사용순서의 원칙

기계 안전 관리

090 위험 기계·기구에 설치하여야 하는 방호 장치를 1개씩 쓰시오.

① 원심기
② 공기압축기
③ 금속절단기

① 회전체 접촉예방장치
② 압력방출장치
③ 날 접촉 예방장치

참고

기계·기구	방호장치명
예초기	날접촉 예방장치
원심기	회전체 접촉 예방장치
금속절단기	날접촉 예방장치
공기압축기	압력방출장치

필답

기계안전관리

091 방호조치를 하지 않고는 양도, 대여, 설치, 진열해서는 아니되는 기계·기구 4가지 쓰시오.

① 공기압축기
② 원심기
③ 예초기
④ 금속절단기
⑤ 지게차
⑥ 포장기계 (진공포장기, 랩핑기로 한정)

기계안전관리

092 기계 설비의 방호 원리 3가지를 쓰시오.

① 위험제거
② 차단
③ 덮어씌움
④ 위험의 적응

기계안전관리

093 원동기, 회전축 등 위험방지를 위한 기계적인 안전 조치 3가지를 쓰시오.

① 덮개
② 울
③ 슬리브
④ 건널다리

기계안전관리

094 「산업안전보건법령」상, 비파괴검사의 실시기준 중 다음 (   )안에 알맞은 말을 쓰시오.

> 사업주는 고속 회전체(회전축의 중량이 (①) 톤을 초과하고, 원주속도가 초당 (②) m 이상인 것으로 한정한다)의 회전시험을 하는 경우 미리 회전축의 재질 및 형상 등에 상응하는 종류의 비파괴검사를 해서 결함여부를 확인하여야 한다.

① 1톤
② 120m

신기방기 꿀팁!

시험문제 보기에 단위가 적혀있으면, 답에는 단위를 쓰지 않아도 되지만
만약 문제 보기에 단위가 없는 경우, 답안 작성시 반드시! 단위를 작성해야합니다!

기계 안전 관리

095 공장의 설비 배치 3단계를 보기에서 찾아 순서대로 나열하시오.

> ① 건물배치   ② 기계배치   ③ 지역배치

① 지역배치 → ② 건물배치 → ③ 기계배치

암 기 법   지/건/기

기계 안전 관리

096 연삭 숫돌의 안전 작업에 관한 사항이다. 괄호에 적합한 숫자를 기입하시오.

> 연삭숫돌은 작업 시작 전 (①)분 이상, 숫돌 교체 시 (②)분 이상, 시운전 하여야 함

① 1분
② 3분

기계 안전 관리

097 연삭기 숫돌이 파괴 되는 원인 5가지를 적으시오.

① 숫돌자체에 균열이 있을 때
② 숫돌의 측면을 사용하여 작업 할 때
③ 숫돌에 과대한 충격을 가할 때
④ 플랜지가 현저히 작을 때
⑤ 회전속도가 너무 빠를 때

필답

기계안전관리

098 연삭기 덮개 노출각도에 관한 내용이다. 성능 기준에 따라 노출 각도를 쓰시오.

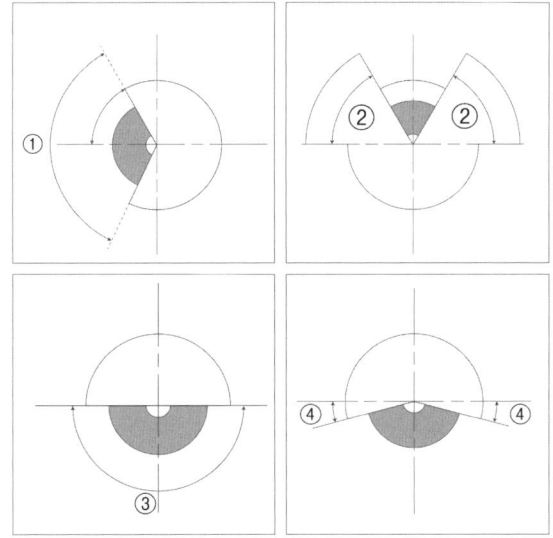

① 125° 이내
② 60° 이상
③ 180° 이내
④ 15° 이상

참고

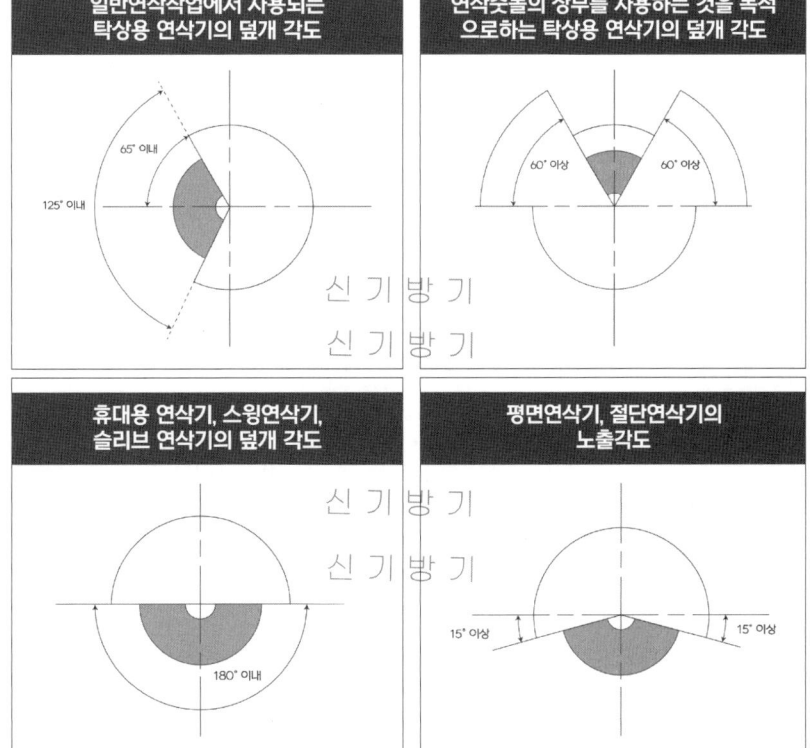

099 기계안전관리

아래의 표는 목재가공용 둥근톱기계의 분할날 설치 관련 내용이다. 괄호안에 적합한 내용을 쓰시오.

> 가) 분할날과 톱날 후면과의 간격은 (①)mm 이내 일 것
> 나) 분할날 두께는 톱두께의 (②)배 이상이며 폭보다 작을 것
> 다) 톱날 후면 날의 (③)이상을 덮어 설치할 것
> 라) 재료는 KSD 3751(탄소공구강재)에서 정한 STC5(탄소공구강) 또는 이와 동등 이상의 재료를 사용할 것
> 마) 분할날 조임볼트는 (④)개 이상일 것
> 바) 분할날 조임볼트는 (⑤) 조치가 되어있을 것

① 12mm
② 1.1배
③ $\frac{2}{3}$
④ 2개 이상
⑤ 이완방지

100 기계안전관리

동력식 수동대패 방호장치의 명칭 및 종류를 2가지씩 작성하시오.

> ① 명칭 :
> ② 종류 :

① 칼날접촉방지장치
② 고정식 덮개, 가동식 덮개

101 기계안전관리

「산업안전보건법령」상, 다음에 해당하는 기계의 방호장치를 각각 1가지씩 쓰시오.

> 가) 롤러기 : (①)
> 나) 복합동작을 할 수 있는 산업용 로봇 : (②)

① 급정지장치
② 안전매트

참고 ▶ 산업용 로봇 방호장치 : 안전매트, 감응형 방호장치

필답

기계안전관리

102
프레스 및 전단기의 방호장치를 각각 적으시오.

> ① 슬라이드 하행정거리 ¾위치에서 손을 완전히 밀어내야 한다.
> ② 슬라이드 하강 중 정전 또는 방호장치의 이상시에 정지할 수 있는 구조이어야 한다.
> ③ 슬라이드 하강 중 정전 또는 방호장치의 이상시에 정지하고, 1행정 1정지 기구에 사용할 수 있어야 한다.
> ④ 손목밴드의 착용감이 좋으며 쉽게 착용할 수 있는 구조이고, 수인끈은 작업공정에 따라 그 길이를 조정할 수 있어야한다.

① 손쳐내기식 방호장치
② 광전자식 방호장치
③ 양수조작식 방호장치
④ 수인식 방호장치

기계안전관리

103
손쳐내기식 방호장치를 사용하는 기계 / 기구의 명칭 1가지, 분류기호 를 쓰시오.

① 명칭 : 프레스
② 분류기호 : D

참고

종류	분류
광전자식	A-1
	A-2
양수조작식	B-1(유/공압벨브식)
	B-1(전기버튼식)
가드식	C
손쳐내기식	D
수인식	E

기계 안전 관리

104 「산업안전보건법령」상, 광전자식 방호장치 프레스에 관한 설명 중 ( )안에 알맞은 내용이나 수치를 써 넣으시오

> 가) 프레스 또는 전단기에서 일반적으로 많이 활용하고 있는 형태로서 투광부, 수광부, 컨트롤 부분으로 구성된 것으로서 신체의 일부가 광선을 차단하면 기계를 급정지시키는 방호장치로 (①)분류에 해당한다.
>
> 나) 정상동작표시램프는 (②)색, 위험표시램프는 (③)색으로 하며, 쉽게 근로자가 볼 수 있는 곳에 설치해야 한다.
>
> 다) 방호장치는 릴레이, 리미트 스위치 등의 전기부품의 고장, 전원전압의 변동 및 정전에 의해 슬라이드가 불시에 동작하지 않아야 하며, 사용전원전압의 ±(④)%의 변동에 대하여 정상으로 작동되어야 한다.

① A-1
② 녹색
③ 붉은색, 적색
④ ±20%

105 다음 표는 광전자식 방호장치의 형식에 적합한 광축의 범위를 적으시오.

형식구분	광축의 범위
A	(①) 이하
B	(②) 미만
C	(③) 이상

① 12광축
② 13~56광축
③ 56광축

106 다음 표는 롤러기 급정지장치의 급정지거리를 계산하는 공식을 나타내었다. 괄호를 채우시오.

앞면 롤러의 표면속도(m/min)	급정지거리
30 미만	앞면 롤러 원주의 (①) 이내
30 이상	앞면 롤러 원주의 (②) 이내

① $\dfrac{1}{3}$
② $\dfrac{1}{2.5}$

107 롤러의 방호장치의 급정지장치 설치 위치에 관한 다음 표의 빈 칸을 채우시오.

종류	설치위치
손조작식	(①)
복부조작식	(②)
무릎조작식	(③)

① 밑면에서 1.8m 이내
② 밑면에서 0.8m 이상 ~ 1.1m 이내
③ 밑면에서 0.6m 이내 (0.4m 이상 ~ 0.6m 이내)

기계 안전 관리

108 반복적으로 중량물을 취급하는 작업을 할 때, 실시하는 작업시작 전 점검사항 2가지를 쓰시오.

① 중량물 취급의 올바른 자세 및 복장
② 위험물이 날아 흩어짐에 따른 보호구의 착용
③ 카바이드·생석회 등과 같이 온도상승이나 습기에 의하여 위험성이 존재하는 중량물의 취급방법

> 암기법 중/위/카

기계 안전 관리

109 중량물을 취급하는 작업에서 작성해야하는 작업계획서 포함 사항 5가지를 쓰시오.

① 추락위험을 예방할 수 있는 안전대책
② 낙하위험을 예방할 수 있는 안전대책
③ 전도위험을 예방할 수 있는 안전대책
④ 협착위험을 예방할 수 있는 안전대책
⑤ 붕괴위험을 예방할 수 있는 안전대책

기계 안전 관리

110 지게차 작업 시작 전 점검 사항 4가지를 쓰시오.

① 제동장치 및 조종장치 기능의 이상 유무
② 하역장치 및 유압장치 기능의 이상 유무
③ 바퀴의 이상 유무
④ 전조등·후미등·방향지시기 및 경보장치 기능의 이상 유무
⑤ 전동지게차인 경우 지게차 배터리 이상 유무

> 암기법 제/하/바/전

필답

기계안전관리

111 크레인 작업 시작 전 점검 사항 3가지를 쓰시오.

① 권과방지장치 브레이크·클러치 및 운전장치의 기능
② 주행로의 상측 및 트롤리가 횡행하는 레일의 상태
③ 와이어로프가 통하고 있는 곳의 상태

암기법 권/주/와

기계안전관리

112 이동식 크레인 작업 시작 전 점검사항 3가지를 쓰시오.

① 권과방지장치 및 그 밖의 경보장치의 기능
② 브레이크·클러치 및 조정장치의 기능
③ 와이어로프가 통하고 있는 곳 및 작업장소의 지반상태

암기법 권/브/와

참고

크레인	이동식 크레인
운전장치로 지칭함	탑승하여 조정하므로 조정장치라 지칭함

기계안전관리

113 컨베이어 작업 시작 전 점검 사항 4가지를 적으시오.

① 원동기·회전축·기어 및 풀리 등의 덮개 또는 울 등의 이상 유무
② 이탈 등의 방지장치 기능의 이상 유무
③ 비상정지장치 기능의 이상 유무
④ 원동기 및 풀리 기능의 이상 유무

기계안전관리

114 공기압축기 작업 시작 전 점검 사항 5가지를 적으시오.

① 윤활유의 상태
② 회전부의 덮개 또는 울
③ 압력방출장치의 기능
④ 공기저장 압력용기의 외관상태
⑤ 드레인밸브의 조작 및 배수
⑥ 언로드밸브의 기능

암기법 윤/회/압/공/드/언 (윤회야 공들어~)

기계안전관리

115 프레스의 작업 시작 전 점검 사항 4가지를 쓰시오.

① 클러치 및 브레이크의 기능
② 프레스의 금형 및 고정볼트 상태
③ 방호장치의 기능
④ 전단기의 칼날 및 테이블의 상태
⑤ 크랭크축·플라이 휠·슬라이드·연결봉 및 연결나사의 볼트 풀림 여부
⑥ 1행정 1정지 기구·급정지장치 및 비상정지장치의 기능
⑦ 슬라이드 또는 칼날에 의한 위험방지기구의 기능

암기법 클/프/방/전

116

다음은 아세틸렌 발생기실의 설치에 관한 내용이다. 괄호 안에 적합한 숫자를 적으시오.

> 1. 발생기실은 건물의 최상층에 위치하여야 하며, 화기를 사용하는 설비로부터 (①)m를 초과하는 장소에 설치하여야 한다.
> 2. 발생기실을 (②)에 설치하는 경우에는 그 개구부를 다른 건축물로부터 (③)m이상 떨어지도록 하여야한다.

① 3m
② 옥외
③ 1.5m

117

아세틸렌 용접장치 검사 시 안전기의 설치 위치를 확인하려고 한다. 안전기가 설치 되어야 할 위치 3가지를 쓰시오.

① 취관
② 분기관
③ 발생기와 가스용기 사이

118

다음 표는 산업안전보건법상, 안전기의 설치에 관한 내용일 때, ( )를 채우시오.

> 가) 사업주는 아세틸렌 용접장치의 (①) 마다 안전기를 설치하여야 한다. 다만 주관 및 (①)에 가장 가까운 (②) 마다 안전기를 부착한 경우에는 그러하지 아니하다.
> 나) 사업주는 가스용기가 발생기와 분리되어 있는 아세틸렌 용접장치에 대하여, (③)와 가스용기 사이에 안전기를 설치하여야 한다.

① 취관
② 분기관
③ 발생기

119

「산업안전보건법령」상, 다음 (   )에 알맞은 내용을 넣으시오.

> 1. 발생기(이동식 아세틸렌 용접장치의 발생기는 제외한다) 의
>   (①), (②), (③), 매 시 평균 가스발생량 및 1회 카바이드
>   공급량을 발생기실 내의 보기 쉬운 장소에 게시 할 것.
> 2. 발생기실에는 관계 근로자가 아닌 사람이 출입하는 것을 금지할 것.
> 3. 발생기에서 (④) 이내 또는 발생기 실에서 (⑤) 이내의 장소에서는
>   흡연, 화기의 사용 또는 불꽃이 발생할 위험한 행위를 금지시킬 것

① 종류
② 형식
③ 제작업체명
④ 5m
⑤ 3m

120

역화방지기 성능 시험 종류 4가지를 쓰시오.

① 역화방지시험
② 역류방지시험
③ 기밀시험
④ 내압시험

암기법 역/역/기/내

121

산업안전보건법령 상 아세틸렌 용접기 도관의 점검 내용 3가지를 쓰시오.

① 밸브의 작동상태
② 누출의 유무
③ 역화방지기 접속부 및 밸브 코크의 작동상태의 이상유무

암기법 밸/누/역

필답

기계안전관리

122 가스장치실을 설치할 경우, 준수하여야 하는 가스장치실의 구조 3가지를 서술하시오.

① 가스가 누출된 때에는 가스가 정체되지 않도록 할 것
② 지붕 및 천장에는 가벼운 불연성 재료를 사용할 것
③ 벽에는 불연성 재료를 사용할 것

암 기 법 가/지/벽

기계안전관리

123 충전가스용기를 도색할 경우, 적합한 색채를 쓰시오.

가스종류	색상
산소	①
수소	주황색
탄산가스	청색
염소	②
암모니아	백색
아세틸렌	③
그 외	회색

① 녹색
② 갈색
③ 황색

참고

가스종류	색상
산소	녹색
수소	주황색
탄산가스	청색
염소	갈색
암모니아	백색
아세틸렌	황색
그 외	회색

기계 안전 관리

124 보일러의 폭발사고 방지를 위하여 기능이 정상적으로 작동될 수 있도록 유지·관리하여야 하는 장치를 3가지 적으시오.

① 압력방출 장치
② 압력제한 스위치
③ 고저 수위조절 장치
④ 화염검출기

암 기 법   압/압/고/화

기계 안전 관리

125 보일러의 이상 현상 중 캐리오버 원인 4가지를 적으시오.

① 주증기 밸브의 급개
② 관수의 수위가 너무 높을 때
③ 부하의 급변
④ 증기의 발생속도가 빠를 때
⑤ 기수분리기에 이상발생

암 기 법   주/관/부/증

참고

캐리오버 원인	프라이밍 원인
주증기 밸브의 급개	주증기 밸브의 급개
관수의 수위가 너무 높을 때	관수의 수위가 너무 높을 때
부하의 급격한 변화	부하의 급격한 변화
증기의 발생속도가 빠를 때	관수의 농축

126

보일러에서 발생하는 이상 현상에 대한 설명이다. 설명에 적합한 현상을 적으시오.

> ① 보일러 부하의 급변으로 수위가 급상승하여 증기와 분리되지 않고 수면이 심하게 솟아올라 올바른 수위를 판단하지 못하는 현상
> ② 유지분이나 부유물 등에 의하여 보일러 수의 비등과 함께 수면부에 거품을 발생시키는 현상
> ③ 보일러수 속의 용해 고형물이나 현탁 고형물이 증기에 섞여 보일러 밖으로 튀어나가는 현상

① 프라이밍
② 포밍
③ 캐리오버

127

산업안전보건령 상, 보일러의 방호장치 관련해서 (   )에 알맞은 것을 쓰시오.

> 사업주는 보일러의 안전한 가동을 위하여 보일러 규격에 맞는 압력방출장치를 1개 또는 2개 이상 설치하고 (①) 이하에서 작동되도록 하여야 한다.
>
> 다만 압력방출장치가 2개 이상 설치된 경우에는 (①) 이하에서 1개가 작동되고, 다른 압력방출장치는 (①)(②) 배 이하에서 작동되도록 부착하여야 한다.

① 최고사용압력
② 1.05배

128

압력용기 등에 표시가 지워지지 않도록 각인 표시하여야 하는 사항 3가지를 쓰시오.

① 최고사용압력
② 제조연월일
③ 제조회사명

전기 안전 관리

129 전기기계·기구를 설치할 때, 고려해야하는 사항 3가지를 쓰시오.

① 전기기계·기구의 충분한 전기적용량 및 기계적 강도
② 습기·분진 등 사용장소의 주위 환경
③ 전기적·기계적 방호수단의 적정성

전기 안전 관리

130 근로자가 작업 등으로 인하여 전기기계·기구 등 또는 전류등의 충전부분에 접촉하거나 접근함으로써 감전 위험이 있는 충전 부분에 대한 감전방지방법 5가지를 쓰시오.

① **충전부가** 노출되지 아니하도록 폐쇄형 외함이 있는 구조로 할 것
② **충전부에** 충분한 절연효과가 있는 방호망 또는 절연덮개를 설치할 것
③ **충전부는** 내구성이 있는 절연물로 완전히 덮어 감쌀 것
④ 발전소·변전소 및 개폐소 등 구획되어 있는 장소로써, 관계근로자가 아닌 사람의출입이 금지되는 장소에서 충전부를 설치하고, 위험표시 등의 방법으로 방호를 강화할 것
⑤ 전주 위, 철탑 위 등 격리되어 있는 장소로써, 관계근로자가 아닌 사람이 접근할 우려가 없는 장소에 충전부에 설치할 것

암기법 충/충/충/가/에/는

필답

> **참고**

충전전로의 선간전압 (단위 : KV)	충전전로에 대한 접근한계거리(단위 : cm)
0.3 이하	접촉금지
0.3초과 0.75이하	30
0.75초과 2이하	45
2초과 15이하	60
15초과 37이하	90
37초과 88이하	110
88초과 121이하	130
121초과 145이하	150
145초과 169이하	170
169초과 242이하	230
242초과 362이하	380
362초과 550이하	550
550초과 800이하	790

신기방기 꿀팁!

상단 표는 출제 빈도가 높으니, 꼭 암기해 두세요!

131 충전전로의 선간전압에 대한 접근한계거리를 적으시오.

① 380V :
② 1.5KV :
③ 6.6KV :
④ 22.9KV :

① 30cm
② 45cm
③ 60cm
④ 90cm

신기방기 꿀팁!
' 65P ' 참고표를 꼭 숙지해 주세요!

132 충전전로의 선간전압에 대한 접근한계거리를 적으시오

① 0.3 초과 0.75 이하 :
② 37 초과 88 이하 :
③ 145 초과 169 이하 :
④ 88 초과 121 이하 :

① 30cm
② 110cm
③ 170cm
④ 130cm

신기방기 꿀팁!
- '65P' 참고표를 꼭 숙지해 주세요!
- 충전전로의 선간전압에 대한 접근한계거리는 131번/132번과 같이 **두 가지 패턴**으로 출제되었습니다. 참고표 암기, 잊지마세요!

필답

전기안전관리

133 누전에 의한 감전 위험을 방지하기 위하여 해당 전로의 정격에 적합하고 감도가 양호하며 확실하게 작동하는 감전방지용 누전차단기를 설치하여야 하는 경우 3가지를 적으시오.

① 임시배선의 전로가 설치되는 장소에서 사용하는 이동형 또는 휴대형 전기기계·기구
② 대지전압이 150볼트를 초과하는 이동형 또는 휴대형 전기기계 · 기구
③ 철판·철골 위 등 도전성이 높은 장소에서 사용하는 이동형 또는 휴대형 전기기계·기구
④ 물 등 도전성이 높은 액체가 있는 습윤장소에서 사용하는 저압용 전기기계 · 기구

암기법 임/대/철/물

> 신기방기 꿀팁!
> 물 및 도전성이 높은 곳에서만 **저압용 전기기계기구**를 사용하고,
> 나머지 구역에서는 **이동형 또는 전기기계기구**를 사용함.

전기안전관리

134 누전에 의한 감전을 방지하기 위하여 접지를 하여야하는 기계 ·기구 중 코드 및 플러그를 접속하여 사용하는 전기기계 · 기구의 종류를 3가지 적으시오.

① 사용전압이 대지전압 150볼트를 넘는 것
② 고정형 · 이동형 또는 휴대용 전동기계 · 기구
③ 휴대형 손전등
④ 냉장고 · 세탁기 · 컴퓨터 및 주변기기 등과 같은 고정형 전기기계 · 기구

암기법 사/고/휴/냉

전기안전관리

135 다음 보기에서 코드 및 플러그를 접지하여 사용하는 전기기계 · 기구의 종류를 2가지 적으시오.

> 가) 사용 전압 70볼트 이상
> 나) 냉장고 · 세탁기 · 컴퓨터 및 주변기기 등과 같은 고정형 전기기계 · 기구
> 다) 고정형 손전등
> 라) 물 등 도전성 이중 접지를 해야하는 비접지형 콘센트

① 냉장고 · 세탁기 · 컴퓨터 및 주변기기 등과 같은 고정형 전기기계 · 기구
② 물 등 도전성 이중 접지를 해야 하는 비접지형 콘센트

136. 누전차단기에 대한 설명이다. ( )안에 알맞은 내용을 적으시오.

> 정격감도전류 : (①)
> 작동시간 : (②)

① 30mA 이하
② 0.03초 이내

137. 전로의 사용전압에 관한 표의 빈 칸을 채우시오.

전로의 사용전압	DC 시험전압	절연저항
SELV 및 PELV	(①)V	0.5 MΩ
FELV 및 500V 이하	500V	(②) MΩ
500V 초과	(③)V	1.0 MΩ

① 250V
② 1.0MΩ
③ 1,000V

> **신기방기 꿀팁!**
> 시험문제 보기에 단위가 적혀있으면, 답에는 단위를 쓰지 않아도 되지만
> **만약 문제 보기에 단위가 없는 경우, 답안 작성시 반드시! 단위를 작성**해야합니다!

138. 전기를 사용하지 아니하는 설비 중 접지를 하여야 하는 금속체 부분을 3가지 쓰시오.

① 전동식 양중기의 프레임과 궤도
② 전선이 붙어있는 비전동식 양중기의 프레임
③ 고압 이상의 전기를 사용하는 전기기계·기구 주변의 금속제 칸막이·망 및 이와 유사한 장치

전기안전관리

139 교류아크용접기에 자동전격방지기를 설치 하여야 하는 장소 3가지를 쓰시오.

① 선박의 이중 선체 내부, 밸러스트 탱크, 보일러 내부 등 도전체로 둘러싸인 장소
② 추락할 위험이 있는 높이 2미터 이상의 장소로 철골 등 도전성이 높은 물체에 근로자가 접촉할 우려가 있는 장소
③ 근로자가 물·땀 등으로 인하여 도전성이 높은 습윤 상태에서 작업하는 장소

140 정전기 발생방지 대책 5가지를 쓰시오.

① 가습
② 도전성재료 사용
③ 대전방지제 사용
④ 제전기 사용
⑤ 접지

141 정전기 발생으로 인한 화재 폭발방지를 하여야하는 설비의 정전기 발생, 제거조치 사항이다. 괄호에 적합한 내용을 쓰시오.

> 사업주는 정전기에 의한 화재 또는 폭발 등의 위험이 발생할 우려가 있는 경우에는 해당 설비에 대하여 확실한 방법으로 (①)를 하거나, (②) 재료를 사용하거나, 가습 및 점화원이 될 우려가 없는 (③)를 사용하는 등 정전기의 발생을 억제하거나 제거하기 위하여 필요한 조치를 하여야 한다.

① 접지
② 도전성
③ 제전장치

142 인체에 대전된 정전기에 의한 화재 또는 폭발 위험에 있는 경우에 사업의 조치사항 4가지를 작성 하시오.

① 정전기 대전방지용 안전화 착용
② 제전복 착용
③ 정전기용 제전용구 사용
④ 작업장 바닥등에 도전성을 갖추도록 하는 등의 조치

143 방폭등급에 따른 안전간격과 가스명을 쓰시오.

그룹	안전간격	가스명칭

답

그룹	안전간격	가스명칭
IIA	0.9mm 이상	프로판 가스
IIB	0.5초과 ~ 0.9mm 미만	에틸렌 가스
IIC	0.5mm 이하	수소 또는 아세틸렌 가스

144 방폭구조의 명칭을 적으시오.

Ex d : (①)
Ex p : (②)
Ex q : (③)
Ex o : (④)
Ex e : (⑤)
Ex ia, ib : (⑥)
Ex m : (⑦)
Ex n : (⑧)
Ex s : (⑨)

① 내압 방폭구조
② 압력 방폭구조
③ 충전 방폭구조
④ 유입 방폭구조
⑤ 안전증 방폭구조
⑥ 본질안전 방폭구조
⑦ 몰드 방폭구조
⑧ 비점화 방폭구조
⑨ 특수방폭구조

필답

전기안전관리

145 방폭구조의 명칭을 적으시오.

> ① 방폭구조 : 외부의 가스가 용기 내로 침입하여 폭발하더라도 용기는 그 압력에 견디고 외부의 폭발성 가스에 착화될 우려가 없도록 만들어진 구조
> ② 그룹 : 잠재적 폭발성 위험분위기에서 사용되는 전기기기
>   (폭발성 메탄가스 위험분위기에서 사용되는 광산용 전자기기는 제외)
> ③ 최대안전틈새 : 0.8mm
> ④ 최고표면온도 : 85도

답 Ex d IIB T6

참고

최고표면 온도등급	최고표면온도
T1	450도 이하
T2	300도 이하
T3	200도 이하
T4	135도 이하
T5	100도 이하
T6	85도 이하

전기안전관리

146 Ex d IIA T3 방폭구조를 설명하시오.

답

Ex d : 내압방폭구조
IIA : 가스 그룹
T3 : 최고표면온도 등급 (3등급)

147 방사선 업무에 관계되는 작업근로자에게 실시 하여야 하는 특별교육 4가지를 쓰시오.

화공안전관리

① 방사선의 유해 위험 및 인체에 미치는 영향
② 방사선 측정기기의 기능 점검에 관한 사항
③ 방호거리·방호벽 및 방사선 물질의 취급요령에 관한 사항
④ 응급처치 및 보호구 착용에 관한 사항

암기법 방/방/방/응

---

148 밀폐 공간에서 전기 용접작업 실시 시, 특별교육내용 4가지를 쓰시오.

화공안전관리

① 환기설비에 관한 사항
② 전격 방지 및 보호구 착용에 관한 사항
③ 질식 시 응급조치에 관한 사항
④ 작업환경 점검에 관한 사항
⑤ 작업순서, 안전작업방법 및 수칙에 관한 사항

암기법 환/전/질/작/작

---

149 밀폐 공간 작업 시 특별안전교육사항 4가지를 쓰시오.

화공안전관리

① 산소농도 측정 및 작업환경에 관한 사항
② 사고 시 응급처치 및 비상 시 구출에 관한 사항
③ 보호구 착용 및 사용방법에 관한 사항
④ 작업내용·안전작업방법 및 절차에 관한 사항

암기법 산/사/보/작

---

150 밀폐 공간 작업 시, 관리감독자 의무 3가지를 쓰시오.

화공안전관리

① 작업을 하는 장소의 산소 여부의 적절성을 작업 시작 전 확인
② 환기장치, 측정장비 등을 작업 시작 전에 점검
③ 근로자에게 송기마스크 등의 착용을 지도 및 점검
④ 밀폐공간작업의 안전작업방법에 관한 사항

암기법 작/환/근/밀

필답

화공안전관리

151 밀폐 공간에서의 안전 수칙 3가지를 쓰시오.

① 작업 시작 전 산소 및 유해가스농도 측정
② 근로자 입·퇴장 시, 인원 점검
③ 관계자외 출입금지 표시 또는 출입금지 표지판을 설치
④ 작업장과 외부에서의 작업지휘자(감시인)간에 상시 연락 가능한 설비 구축

화공안전관리

152 화학물질의 분류·표시 및 물질안전보건자료에 관한 기준상, 물질안전보건자료(MSDS) 작성 시 포함사항 16가지 중 [제외]사항을 뺀 4가지를 작성하시오.

```
┌──────────────── 제 외 ────────────────┐
│ ① 화학제품과 회사에 관한 정보    ④ 물리화학적 특성    │
│ ② 구성성분의 명칭 및 함유량      ⑤ 폐기 시 주의사항   │
│ ③ 취급 및 저장방법               ⑥ 그 밖의 참고사항   │
└────────────────────────────────────┘
```

① 유해성·위험성
② 응급조치요령
③ 폭발·화재시 대처방법
④ 누출사고시 대처방법
⑤ 노출방지 및 개인보호구
⑥ 안정성 및 반응성
⑦ 독성에 관한 정보
⑧ 환경에 미치는 영향
⑨ 운송에 필요한 정보
⑩ 법적규제 현황

참고

물질안전보건자료 작성항목(16가지)	
화학제품과 회사에 관한 정보	물리화학적 특성
유해위험성	안정성 및 반응성
구성성분의 명칭 및 함유량	독성에 관한 정보
응급조치요령	환경에 미치는 영향
폭발·화재 시 대처방법	폐기 시 주의사항
누출사고 시 대처방법	운송에 필요한 정보
취급 및 저장방법	법적규제 현황

153 (화공안전관리)

산업안전보건법령 상 물질안전보건자료(MSDS)의 작성에 제외되는 대상물질의 종류 4가지를 쓰시오. (단, 법은 제외하고 답을 작성하시오.)

① 화장품
② 폐기물
③ 비료
④ 사료
⑤ 농약
⑥ 식품 및 식품첨가물

154 (화공안전관리)

물질안전보건자료(MSDS)에 관한 교육을 실시할 경우 교육내용 5가지를 쓰시오.

① 대상 화학물질의 명칭
② 물리적 위험성 및 건강 유해성
③ 취급상의 주의사항
④ 적절한 보호구
⑤ 응급조치 요령 및 사고 시 대처방법
⑥ 물질안전보건자료 및 경고표지를 이해하는 방법

암기법 대/물/취/적/응

155 (화공안전관리)

물질안전보건자료(MSDS) 교육 시기 2가지 작성 하시오.

① 물질안전보건자료 대상물질을 제조,사용,운반 또는 저장하는 작업에 근로자를 배치할 때
② 새로운 물질안전보건자료 대상 물질이 도입된 경우
③ 유해성,위험성 정보가 변경된 경우

필답

화공안전관리

156 유해물질을 제조하거나, 취급하는 장소에 게시하여야 하는 사항 5가지를 쓰시오.

① 관리대상 유해물질의 명칭
② 인체에 미치는 영향
③ 착용하여야 할 보호구
④ 취급상의 주의사항
⑤ 응급처치와 긴급 방재 요령

암기법 관/인/착/취/응

화공안전관리

157 산업안전보건법상의 위험물질 종류 7가지를 구분하여 적으시오.

① 부식성 물질
② 급성 독성 물질
③ 인화성 액체
④ 인화성 가스
⑤ 물반응성 물질 및 인화성 고체
⑥ 폭발성 물질 및 유기과산화물
⑦ 산화성 액체 및 산화성 고체

참고

폭발성 물질 및 유기과산화물	물반응성 물질 및 인화성 고체
유기과산화물	칼륨, 나트륨
아조화합물	황
디아조화합물	황린
질산에스테르	황화인, 적린
하이드라진 유도체	알킬알루미늄, 알킬리튬
니트로 화합물	마그네슘분
니트로소화합물	금속분
	금속의 인화물
	칼슘 탄화물·알루미늄탄화물

화공안전관리

158 아래표를 보고 '물반응성 물질 및 인화성 고체' 그리고 '폭발성 물질 및 유기과산화물'을 2가지씩 적으시오.

① 수소	② 황
③ 리튬	④ 니트로소화합물
⑤ 염소산칼륨	⑥ 하이드라진유도체
⑦ 과망간산	⑧ 아세톤

물반응성 물질 및 인화성 고체 : ②, ③
폭발성 물질 및 유기과산화물 : ④, ⑥

화공안전관리

159 다음은 산업안전보건법 상의 급성 독성물질을 설명하고 있다. 빈 칸을 채우시오.

1. LD50 (①) mg/kg 을 쥐에 대한 경구투입실험에 의하여 실험동물의 50%를 사망시킨다.
2. LD50 (②) mg/kg 을 쥐 또는 토끼에 대한 경피 흡수실험에 의하여 실험동물의 50%를 사망시킨다.
3. LC50 은 가스로 (③)ppm을 쥐에 대한 4시간 동안 흡입실험에 의하여 실험동물의 50%를 사망시킨다.
4. LC50 은 증기로 (④)mg/l 을 쥐에 대한 4시간 흡입실험에 의하여 실험동물의 50%를 사망시킨다.

① 300mg/kg
② 1,000mg/kg
③ 2,500ppm
④ 10mg/l

화공안전관리

160 LD50 을 설명하시오.

답 1회 투여로 실험동물의 50%를 사망케 하는 양

참고

물질명	단위
암모니아	25ppm
사염화탄소	5ppm
염화수소	1ppm
과산화수소	1ppm
불소	0.1ppm

필답

화공 안전 관리

161 다음 내용 중 노출기준이 가장 낮은 것과 높은 것을 적으시오.

① 암모니아	② 불소
③ 사염화탄소	④ 과산화수소
⑤ 염화수소	

가장 낮은 것 : 불소
가장 높은 것 : 암모니아

화공 안전 관리

162 다음 보기의 위험물과 혼재 가능한 물질을 쓰시오.

① 산화성고체	② 가연성고체
③ 자연발화성 및 금수성물질	④ 인화성 액체
⑤ 자기반응성 물질	⑥ 산화성 액체

(1) 산화성고체 : ⑥
(2) 가연성고체 : ④, ⑤
(3) 자기반응성물질 : ②, ④
(4) 자연발화성 및 금수성 : ④

> 참고

위험물의 구분	제1류	제2류	제3류	제4류	제5류	제6류
1류		X	X	X	X	O
2류	X		X	O	O	X
3류	X	X		O	X	X
4류	X	O	O		O	X
5류	X	O	X	O		X
6류	O	X	X	X	X	

163 화공안전관리

다음 보기를 보고 알맞은 내용을 1가지씩 작성 하시오.

> 마스네슘 분말, 과염소산, 등유, 아세틸렌, 리튬 중
> 인화성 가스, 인화성 액체, 산화성 액체 및 산화성 고체에 해당 하는 것은

① 인화성 가스 : 아세틸렌
② 인화성 액체 : 등유
③ 산화성 액체 및 산화성 고체 : 과염소산

164 화공안전관리

산업안전보건법상 신규화학물질의 제조 및 수입 등에 관한 설명이다. ( ) 안에 해당하는 내용을 넣으시오.

> 신규화학물질을 제조하거나 수입하려는 자는 제조하거나 수입하려는 날 (①) 일 전까지 해당 신규 화학물질의 안전·보건에 관한 자료, 독성시험 성적서, 제조 또는 사용·취급방법을 기록한 서류 및 제조 또는 사용 공정도, 그 밖의 관련 서류를 첨부하여 (②) 에게 제출 하여야 한다.

① 30일 전
② 고용노동부장관

165 화공안전관리

다음 보기는 화학설비 및 시설 설치 시 유지하여야 하는 안전거리 기준이다. ( )에 적합한 숫자를 적으시오.

> - 단위 공정시설, 설비로부터 다른 공정시설 및 설비 사이 : (①)m 이상 간격
> - 플레어스택으로부터 위험물 저장탱크, 위험물 하역설비 사이 : 반경 (②)m 이상 간격
> - 위험물 저장탱크로부터 단위 공정설비, 보일러, 가열로 사이 : 저장탱크 외면에서 (③)m 이상 이격
> - 사무실, 연구실, 식당 등으로부터 공정설비, 위험물 저장탱크, 보일러, 가열로 사이 : 사무실 등 외면으로부터 (④)m 이상 이격

① 10m
② 20m
③ 20m
④ 20m

166 화공안전관리

산업안전보건법상 사업주는 화학설비 또는 그 배관의 밸브나 콕에 내구성이 있는 재료를 선정할 때 고려 사항 4가지를 쓰시오.

① 위험물질 등의 종류
② 위험물질 등의 온도
③ 위험물질 등의 농도
④ 개폐의 빈도

필답

화공 안전 관리

167 화학설비 또는 그 부속설비의 용도를 변경하는 경우(사용하는 원재료의 종류를 변경하는 경우를 포함한다)에 해당 설비를 점검한 후 사용하여야 한다. 점검내용 3가지를 쓰시오.

① 그 설비·내부에 폭발이나 화재의 우려가 있는 물질이 있는지
② 안전밸브·긴급차단장치 및 그 밖의 방호장치 기능의 이상 유무
③ 냉각장치·가열장치·교반장치·압축장치·계측장치 및 제어장치 기능의 이상 유무

암기법   그/안/냉

화공 안전 관리

168 산업안전보건법에 따라 이상 화학반응 밸브의 막힘 등 이상 상태로 인한 압력 상승으로 당해 설비의 최고 사용압력을 구조적으로 초과할 우려가 있는 화학 설비 및 그 부속 설비에 안전밸브 또는 파열판을 설치하여야 한다.
이때 반드시 파열판을 설치해야 하는 이유 2가지를 쓰시오.

① 반응 폭주 등 급격한 압력 상승의 우려가 있는 경우
② 급성 독성 물질 누출로 인하여 주위의 작업환경을 오염시킬 우려가 있는 경우
③ 운전 중 안전밸브에 이상 물질이 누적되어 안전밸브가 작동되지 아니할 우려가 있는 경우

암기법   반/급/운

화공 안전 관리

169 산업안전보건법령상, 과압에 따른 폭발을 방지하기 위하여 폭발 방지 성능과 규격을 갖춘 안전밸브 또는 파열판을 설치하여야 하는 설비에 해당하는 경우 3가지를 쓰시오.

① 정변위 압축기
② 정변위 펌프 (토출축에 차단밸브가 설치된 것만 해당)
③ 배관 (2개 이상의 밸브에 의하여 차단되어 대기온도에서 액체의 열팽창에 의하여 파열될 우려가 있는 것으로 한정)
④ 압력용기 (안지름이 150 mm 이하인 압력용기는 제외하며, 압력 용기 중 관형 열교환기의 경우에는 관의 파열로 인하여 상승한 압력이 압력용기의 최고사용압력을 초과할 우려가 있는 경우만 해당한다)
⑤ 그 밖의 화학설비 및 그 부속설비로서 해당 설비의 최고사용압력을 초과할 우려가 있는 것

암기법   정/정/배

170 | 화공안전관리

다음 보기는 화학설비 또는 그 부속설비의 파열판 및 안전밸브 설치에 관한 내용이다. 괄호에 적합한 내용을 쓰시오

> - 사업주는 급성 독성물질이 지속적으로 외부에 유출될 수 있는 화학설비 및 그 부속설비에 파열판과 안전밸브를 (①)로 설치하고 그 사이에는 (②) 또는 (③)를 설치하여야 한다.
> - 사업주는 안전밸브 등이 안전밸브 등을 통하여 보호하려는 설비의 최고사용압력 이하에서 작동되도록 하여야 한다. 다만, 안전밸브 등이 2개 이상 설치 된 경우에 1개는 최고사용압력의 (④)배, 외부화재를 대비한 경우엔 (⑤)배 이하에서 작동 되도록 설치 할 수 있다.

① 직렬
② 압력지시계
③ 자동경보장치
④ 1.05배
⑤ 1.1배

171 | 화공안전관리

안전밸브 형식을 표시한 것 이다. 세부 항목을 상세히 작성하시오.

SF II 1-B

S : 요구성능(사항)
F : 유량제한기구
II : 호칭입구 크기구분
1 : 호칭압력 구분
B : 평형형

172 | 화공안전관리

가스폭발 위험장소 또는 분진폭발 위험장소에 설치되는 건축물 등에 대해서는 해당 하는 부분을 내화구조로 하여야 하며, 그 성능이 항상 유지될 수 있도록 점검·보수 등 적절한 조치를 하여야 한다. 내화구조로 하여야 하는 부분 2가지를 쓰시오.

① 건축물의 기둥 및 보
: 지상 1층 (지상 1층의 높이가 6m를 초과하는 경우에는 6m)까지

② 위험물 저장·취급용기의 지지대(높이가 30cm 이하인 것은 제외한다)
: 지상으로부터 지지대의 끝부분까지

③ 배관·전선관 등의 지지대
: 지상으로부터 1단(1단의 높이가 6m를 초과하는 경우에는 6m)까지

필답

화공안전관리

173 사업주가 화재감시자를 지정하여 용접·용단 작업 장소에 배치하여야 하는 장소 3곳을 적으시오.

① 작업반경 11m 이내에 건물구조 자체나 내부에 가연성 물질이 있는 장소
② 작업반경 11m 이내의 바닥 하부에 가연성 물질이 11m 이상 떨어져 있지만 불꽃에 의해 쉽게 발화될 우려가 있는 장소
③ 가연성물질이 금속으로 된 칸막이·벽·천장 또는 지붕의 반대쪽 면에 인접해 있어 열전도나 열복사에 의해 발화될 우려가 있는 장소

화공안전관리

174 산업안전보건법령 상, 가연성물질이 있는 장소에서 화재위험작업을 하는 경우에는 화재예방을 위해서 사업주가 준수하여야 할 사항을 3가지만 쓰시오.

① 작업 준비 및 작업 절차 수립
② 작업장 내 위험물의 사용·보관 현황 파악
③ 작업근로자에 대한 화재예방 및 피난교육 등 비상조치
④ 화기작업에 따른 인근 가연성물질에 대한 방호조치 및 소화기구 비치
⑤ 용접불티 비산방지덮개, 용접방화포 등 불꽃, 불티 등 비산방지조치
⑥ 인화성 액체의 증기 및 인화성 가스가 남아 있지 않도록 환기 등의 조치

암기법 작/작/작/화

화공안전관리

175 비등액체 팽창 증기폭발(BLEVE)에 영향을 주는 인자를 4가지 쓰시오.

① 저장된 물질의 종류와 형태
② 저장 용기의 재질
③ 저장된 물질의 인화성 여부
④ 주위 온도와 압력

암기법 저/저/저/주

176 다음 용어를 서술하시오

> (①) UVCE (증기운폭발)
> (②) BLEVE (비등액체 팽창 증기폭발)

① 대기 중 확산되어 있는 증기운이 어떤 점화원에 의해 급격히 폭발 하는 현상
② 비등상태의 액화가스가 기화하여 팽창하고 폭발하는 현상

177 산업안전보건법령 상, 용융고열물을 취급하는 설비를 내부에 설치한 건축물에 대하여, 수증기 폭발을 방지하기 위한 사업주의 조치 사항 2가지를 쓰시오.

① 바닥은 물이 고이지 아니하는 구조로 할 것
② 지붕·벽·창 등은 빗물이 새어들지 아니하는 구조로 할 것

암기법 바/지

178 연소의 3요소를 적고 요소별 소화 방법을 쓰시오.

① 가연물 : 제거소화
② 산소 : 질식소화
③ 점화원 또는 열 : 냉각소화

암기법 가/산/점

필답

화공안전관리

179 다음 표는 화재의 구분 일 때 ( ) 안에 알맞은 내용을 쓰시오.

유형	종류	색
A	일반화재	백색
B	(①)	(②)
C	(③)	청색
D	금속화재	(④)

① 유류화재
② 황색
③ 전기화재
④ 무색

암기법 일백/유황/전청/금무

참고

유형	종류	색
A	일반화재	백색
B	유류화재	황색
C	전기화재	청색
D	금속화재	무색

화공안전관리

180 다음 각 물음에 적응성이 있는 소화기를 보기에서 골라 2가지씩 쓰시오

[보기]
① CO2소화기
② 건조사
③ 봉상수소화기
④ 물통 또는 수조
⑤ 포소화기
⑥ 할로겐화합물소화기

가) 전기설비:
나) 인화성액체:
다) 자기반응성물질:

가) 전기설비 : ① CO2소화기, ⑥ 할로겐화합물소화기
나) 인화성액체 : ① CO2소화기, ② 건조사, ⑤ 포소화기 ,⑥ 할로겐화합물소화기
다) 자기반응성물질 : ② 건조사, ③ 봉상수소화기, ④ 물통 또는 수조, ⑤ 포소화기

화공 안전 관리

181 할로겐 소화약제의 할로겐 원소 4가지를 쓰시오.

① I (요오드)
② F (불소, 플루오르)
③ Cl (염소)
④ Br (브롬)

화공 안전 관리

182 국소배기장치의 후드 설치기준 3가지를 적으시오..

① 유해 물질이 발생하는 곳마다 설치할 것
② 후드 형식은 가능하면 포위식 또는 부스식 후드를 설치할 것
③ 외부식 또는 리시버식 후드는 해당 분진 등의 발산원에 가장 가까운 위치에 설치할 것
④ 유해인자의 발생 형태와 비중, 작업 방법 등을 고려하여 해당 분진 등의 발산원을 제어할 수 있는 구조로 설치할 것

암기법 유/후(포부)/외(리)

화공 안전 관리

183 분진 등을 배출하기 위하여 설치하는 국소배기장치(이동식은 제외한다)의 덕트의 설치 기준 3가지를 적으시오.

① 가능하면 길이는 짧게 하고 굴곡부의 수는 적게 할 것
② 청소구를 설치하는 등 청소하기 쉬운 구조로 할 것
③ 덕트 내부에 오염 물질이 쌓이지 않도록 이송 속도를 유지할 것
④ 연결 부위 등은 외부 공기가 들어오지 않도록 할 것
⑤ 접속부의 안쪽은 돌출된 부분이 없도록 할 것

암기법 가/청/덕/연

건설안전관리

184 건설용 리프트·곤돌라를 이용한 작업의 특별안전보건교육내용 4가지를 쓰시오.

① 신호방법 및 공동작업에 관한 사항
② 기계·기구·달기체인 및 와이어 등의 점검에 관한 사항
③ 방호장치의 기능 및 사용에 관한 사항
④ 기계·기구의(에) 특성 및 동작원리에 관한 사항

> 암기법 신/기/방/기

건설안전관리

185 이동식 크레인의 방호장치 종류 4가지를 작성하시오.

① 권과방지장치
② 과부하방지장치
③ 제동장치
④ 비상정지장치

> 암기법 권/과/제/비

건설안전관리

186 산업안전보건법상의 양중기의 종류 5가지를 쓰시오.

① 리프트 (이삿짐용은 적재 하중 0.1톤 이상 으로 한정)
② 곤돌라
③ 승강기
④ 크레인 (호이스트 포함)
⑤ 이동식크레인

건설 안전 관리

187 다음이 설명하는 양중기의 종류를 각각 쓰시오.

> 가) 동력을 사용하여 중량물을 매달아 상하 및 좌우(수평 또는 선회)로 운반하는 것을 목적으로 하는 기계 또는 기계 장치
>
> 나) 훅이나 그 밖의 달기구 등을 사용하여 화물을 권상 및 횡행 또는 권상동작만을 하여 양중 하는 것

가) 크레인
나) 호이스트

> **참고**
>
> ① 양중기란 다음 각 호의 기계를 말한다. 〈개정 2019.04.19〉
>   1. 크레인[호이스트(hoist)를 포함한다.
>   2. 이동식 크레인
>   3. 리프트(이삿짐운반용 리프트의 경우에는 적재하중이 0.1톤 이상인 것으로 한정한다)
>   4. 곤돌라
>   5. 승강기
>
> ② 제1항 각 호의 기계의 뜻은 다음 각 호와 같다. 〈개정 2021.11.19〉
>   1. "크레인"이란 동력을 사용하여 중량물을 매달아 상하 및 좌우(수평 또는 선회를 말한다)로 운반하는 것을 목적으로 하는 기계 또는 기계장치를 말하며, "호이스트"란 훅이나 그 밖의 달기구 등을 사용하여 화물을 권상 및 횡행 또는 권상동작만을 하여 양중하는 것을 말한다.

건설안전관리

188 지게차 헤드가드가 갖추어야 하는 조건 3가지를 서술하시오.

① 상부틀의 각 개구의 폭 또는 길이는 16cm 미만으로 할 것
② 강도는 지게차 최대하중의 2배 (4톤이 넘으면 4톤으로 한다.)에 해당하는 등분포정하중에 견딜 것
③ 운전자가 앉아서 조작하거나 서서 조작하는 지게차의 헤드가드는 한국산업표준에서 정하는 높이기준의 이상일 것 (좌식 : 0.903m, 입식 : 1.88m)

건설안전관리

189 다음 설명에 알맞은 방호장치를 쓰시오.

가) 인양용 와이어로프가 일정한계 이상 감기게 되면 자동적으로 동력을 차단하는 작동을 정지시키는 장치 : (①)

나) 양중기 정격하중 이상의 하중이 부과되었을 경우, 자동적으로 감아올리는 동작을 정지하는 장치 : (②)

다) 훅에서 와이어로프가 이탈하는 것을 방지하는 장치 : (③)

라) 전도 사고를 방지하기 위하여 장비의 측면에 부착하여 전도 모멘트에 대하여 효과적으로 지탱할 수 있도록 한 장치 : (④)

① 권과방지 장치
② 과부하방지 장치
③ 훅해지 장치
④ 아웃트리거(전도방지 장치)

건설안전관리

190 타워크레인 등 작업 중 악천 후 발생시 조치기준이다. 괄호를 채우시오.

가) 순간풍속이 초당 (①) 미터를 초과하는 바람이 불어올 경우 타워크레인의 설치·수리·점검 또는 해체작업을 중지

나) 순간풍속이 초당 (②) 미터를 초과하는 바람이 불거나 중진 이상 진도의 지진이 있은 후 옥외에 설치되어 있는 양중기 각 부위 이상이 있는지를 점검

다) 순간풍속이 초당 (③) 미터를 초과하는 바람이 불어올 우려가 있는 경우 타워크레인의 운전 작업을 중지

① 10m
② 30m
③ 15m

191 타워크레인의 작업중지에 관한 내용일 때, 빈 칸을 채우시오.

> 가) 운전작업을 중지하여야 하는 풍속 : (①)m/s
> 나) 설치·수리·점검 또는 해체 작업을 중지하여야 하는 순간 풍속 : (②)m/s

① 15 m/s
② 10 m/s

192 산업안전보건법령상, 다음의 빈칸을 채우시오.

> 가) 사업주는 순간풍속이 (①)m/s 를 초과하는 바람이 불어올 우려가 있는 경우 옥외에 설치되어 있는 주행 크레인에 대하여 이탈방지장치를 작동시키는 등 이탈방지를 위한 조치를 하여야 한다.
> 나) 사업주는 갠트리 크레인 등과 같이 작업장 바닥에 고정된 레일을 따라 주행하는 크레인의 새들(saddle) 돌출부와 주변 구조물 사이의 안전공간이 (②)cm 이상 되도록 바닥을 표시하는 등 안전공간을 확보하여야 한다.
> 다) 양중기에 대한 권과방지 장치는 훅·버킷 등 달기구의 윗면이 드럼, 상부 도르래, 트롤리 프레임 등 권상장치의 아랫면과 접촉할 우려가 있는 경우에 그 간격이 (③)m 이상이 되도록 조정하여야 한다.
> (단, 직동식 권과방지장치는 제외)

① 30m/s
② 40cm
③ 0.25m

193 화물운반용 또는 고정용으로는 사용할 수 없는 섬유로프의 조건 2가지를 쓰시오.

① 꼬임이 끊어진 것
② 심하게 손상되거나 부식된 것

필답

건설안전관리

194 와이어로프 꼬임의 형식 2가지를 적으시오.

① 보통 꼬임
② 랭 꼬임

건설안전관리

195 와이어로프 사용 금지 사항 6가지를 쓰시오.

① 꼬인 것
② 이음매가 있는 것
③ 심하게 변형되거나 부식된 것
④ 열 또는 전기충격에 의해 손상된 것
⑤ 지름의 감소가 공칭지름의 7퍼센트를 초과한 것
⑥ 와이어로프의 한 꼬임에서 끊어진 소선의 수가 10퍼센트 이상인 것

건설안전관리

196 달기 체인의 사용 금지 조건 3가지를 쓰시오.

① 달기체인의 길이가 달기체인이 제조된 때의 길이의 5퍼센트를 초과한 것
② 링의 단면지름이 달기체인이 제조된 때의 링의 지름의 10퍼센트를 초과하여 감소한 것
③ 균열이 있거나 심하게 변형된 것

건설안전관리

197 작업 환경 개선 원칙 3가지를 쓰시오.

① 대치
② 격리
③ 환기

암기법 대/격/환

건설안전관리

198 보일링 현상 방지 대책 3가지를 쓰시오.

① 지하수위 저하
② 지하수 흐름 변경
③ 흙막이 벽을 깊게 설치

암 기 법 **지/지/흙**

건설안전관리

199 히빙 현상 방지 대책 3가지를 쓰시오.

① 지하수위 저하
② 웰포인트 공법 병행
③ 흙막이 벽을 깊게 설치

암 기 법 **지/웰/흙**

건설안전관리

200 흙막이 지보공을 설치 할 때 점검 사항 4가지를 쓰시오.

① 부재의 손상·변형·부식·변위 및 탈락의 유무와 상태
② 부재의 접속부·부착부 및 교차부의 상태
③ 버팀대의 긴압정도
④ 침하의 정도

암 기 법 **부/부/버/침**

건설안전관리

201 터널강아치 지보공의 조립 시 사업주가 따라야 하는 사항 4가지를 쓰시오.

① 조립간격은 조립도에 따를 것
② 주재가 아치작용을 충분히 할 수 있도록 쐐기를 박는 등 필요한 조치를 할 것
③ 연결볼트 및 띠장 등을 사용하여 주재 상호간을 튼튼하게 연결할 것
④ 터널 등의 출입구 부분에는 받침대를 설치할 것
⑤ 낙하물이 근로자에게 위험을 미칠 우려가 있는 경우에는 널판 등을 설치 할 것

202

산업안전보건법령 상, 건설공사에 대한 내용으로 ( )에 알맞은 것을 쓰시오.

> 총공사금액이 (①) 이상 건설공사의 건설공사발주자는 산업재해 예방을 위하여 건설공사의 계획, 설계 및 시공 단계에서 다음 각 호의 구분에 따른 조치를 하여야 한다.
> (1) 건설공사 계획단계: 해당 건설공사에서 중점적으로 관리하여야 할 유해·위험요인과 이의 감소방안을 포함한 (②)을 작성할 것
> (2) 건설공사 설계단계: 제1호에 따른 (②)을 설계자에게 제공하고, 설계자로 하여금 유해·위험요인의 감소방안을 포함한 (③)을 작성하게 하고 이를 확인할 것
> (3) 건설공사 시공단계: 건설공사발주자로부터 건설공사를 최초로 도급받은 수급인에게 제2호에 따른 (③)을 제공하고, 그 수급인에게 이를 반영하여 안전한 작업을 위한 (④)을 작성하게 하고 그 이행 여부를 확인할 것

① 50억
② 기본안전보건대장
③ 설계안전보건대장
④ 공사안전보건대장

203

산업안전보건법령상, 아래 보기 중 산업안전관리비로 사용 가능한 항목을 4가지 골라 번호를 쓰시오.

> [보기]
> ① 면장갑 및 코팅장갑의 구입비
> ② 안전보건 교육장내 냉·난방 설비 설치비
> ③ 안전보건 관리자용 안전 순찰차량의 유류비
> ④ 교통통제를 위한 교통정리자의 인건비
> ⑤ 외부인 출입금지, 공사장 경계표시를 위한 가설울타리
> ⑥ 위생 및 긴급 피난용 시설비
> ⑦ 안전보건교육장의 대지 구입비
> ⑧ 안전관련 간행물, 잡지 구독비

답 ②, ③, ⑥, ⑧

> 신기방기 꿀팁!
> 해당 문제는 2013년 이후로 출제된 적이 없으므로, **출제 확률이 낮아요!**

건설 안전 관리

204 건설업 산업안전보건관리비 계상 및 사용기준상, 산업안전보건관리비의 계상 및 사용에 관한 내용이다. 다음 각 물음에 답을 쓰시오.

> 가) 발주자가 재료를 제공하거나 일부 물품이 완제품의 형태로 제작·납품 되는 경우에는 해당 재료비 또는 완제품 가액을 대상액에 포함하여 산출한 안전보건관리비와 해당 재료비 또는 완제품 가액을 대상액에서 제외하고 산출한 안전보건관리비의 (①) 배에 해당하는 값을 비교하여 그 중 작은 값 이상의 금액으로 계상한다.
> 나) 대상액이 구분되어 있지 않은 공사는 도급계약 또는 자체사업계획상 책정된 총공사금액의 (②)%를 대상액으로 하여 산업안전보건관리비 를 계상하여야 한다.
> 다) 도급인은 안전보건관리비 사용내역에 대하여 공사 시작 후 (③) 개월 마다 1회 이상 발주자 또는 감리자의 확인을 받아야 한다. 다만, (③) 개월 이내에 공사가 종료되는 경우에는 종료 시 확인을 받아야 한다.

① 1.2배
② 70%
③ 6개월

건설 안전 관리

205 산업안전보건법에 따라 굴착면의 높이가 2미터 이상이 되는 지반의 굴착작업 을 하는 경우 작성하여야 하는 작업계획서 포함사항 4가지를 적으시오.

① 굴착방법 및 순서, 토사반출방법
② 필요한 인원 및 장비 사용계획
③ 매설물 등에 대한 이설·보호 대책
④ 작업지휘자의 배치계획

암 기 법 굴/필/매/작

건설 안전 관리

206 지반의 굴착작업에 있어, 지반의 붕괴 등에 의해, 근로자에게 위험발생 우려가 있을 경우, 실시하는 지반의 사전조사사항 4가지를 쓰시오.

① 형상·지질 및 지층의상태
② 균열·함수·용수 및 동결의 유무 또는 상태
③ 매설물 등의 유무 또는 상태
④ 지반의 지하수위상태

암 기 법 형/균/매/지

필답

건설안전관리

207 해체 작업의 해체작업계획서 내용 4가지를 쓰시오.

① 해체의 방법 및 해체 순서 도면
② 해체작업용 기계·기구 등의 작업계획서
③ 해체물의 처분 계획
④ 사업장 내 연락 방법
⑤ 해체작업용 화약류 등의 사용계획서

암기법 　해/해/해/사

건설안전관리

208 타워크레인 설치·조립·해체하는 작업의 작업계획서 내용 4가지를 쓰시오.

① 타워크레인의 종류 및 형식
② (타워크레인)의 지지방법
③ 설치·조립 및 해체 순서
④ 작업인원의 구성 및 작업근로자의 역할 범위

암기법 　타/타/설/작　　암기법 　타/지/설/작

건설안전관리

209 타워크레인을 설치해체하는 작업에 종사하는 근로자의 특별안전보건교육내용 4가지를 쓰시오.

① 붕괴·추락 및 재해 방지에 관한 사항
② 신호 방법 및 요령에 관한 사항
③ 이상 발생 시 응급조치에 관한 사항
④ 설치·해체 순서 및 안전작업 방법에관한 사항

암기법 　붕/신/이/설

건설안전관리

210 차량계 하역운반기계 등을 사용하는 작업의 작업계획서의 내용 2가지를 쓰시오.

① 해당 작업에 따른 추락·낙하·전도·협착 및 붕괴 등의 위험 예방대책
② 차량계 하역운반기계 등의 운행경로 및 작업방법

암기법 　해/차

건설안전관리

211 차량계 하역운반기계 등을 이송하기 위하여 자주 또는 견인에 의하여 화물자동차에 싣거나 내리는 작업을 할 때 발판·성토 등을 사용하는 경우 기계의 전도 또는 전락에 의한 위험을 방지하기 위하여 준수하여야 할 사항 4가지를 쓰시오.

① 싣거나 내리는 작업은 평탄하고 견고한 장소에서 할 것
② 발판을 사용하는 경우에는 충분한 길이, 폭 및 강도를 가진 것을 사용하고 적당한 경사를 유지하기 위하여 견고하게 설치할 것
③ 가설대 등을 사용하는 경우에는 충분한 폭 및 강도와 적당한 경사를 확보할 것
④ 지정운전자의 성명·연락처 등을 보기 쉬운 곳에 표시하고 지정운전자 외에는 운전하지 않도록 할 것

암기법 싣/받/가/지

건설안전관리

212 차량계 하역운반기계 및 차량계 건설기계의 운전자가 운전위치를 이탈하고자 할 때 준수하여야 할 사항 2가지를 쓰시오.

① 포크,버킷,디퍼 등의 장치를 가장 낮은 위치 또는 지면에 내려 둘 것
② 기계를 정지시키고, 브레이크를 확실히 거는 등 갑작스러운 주행이나 이탈을 방지하기 위한 조치를 할 것
③ 운전석을 이탈하는 경우에는 시동키를 운전대에서 분리 시킬 것

건설안전관리

213 다음 (   )는 추락을 방지하는 안전난간의 구조이다. 괄호를 채우시오.

가) 상부난간대 : 바닥면·발판 또는 경사로의 표면으로부터 (①)cm 이상
나) 발끝막이판: 바닥면 등으로부터 (②)cm 이상
다) 난간대 : 지름 (③)cm 이상의 금속제 파이프
라) 하중 : (④)kg 이상의 하중에 견딜 수 있는 튼튼한 구조

① 90cm
② 10cm
③ 2.7cm
④ 100kg

건설안전관리

214 안전난간 주요 구성 요소 4가지를 쓰시오.

① 상부난간대
② 중간난간대
③ 발끝막이판
④ 난간기둥

건설안전관리

215 산업안전보건법상 계단의 설치 기준이다. ( )에 알맞은 내용을 적으시오.

(1) 사업주는 계단 및 계단참을 설치하는 경우 매제곱미터당 (①)kg 이상의 하중에 견딜 수 있는 강도를 가진 구조로 설치하여야 하며, 안전율 (②) 이상으로 하여야 한다.
(2) 계단을 설치하는 경우 그 폭을 (③)m 이상으로 하여야 한다.
(3) 높이가 (④)m를 초과하는 계단에는 높이 3m 이내마다 너비 1.2m 이상의 계단참을 설치하여야 한다.
(4) 높이 (⑤)m 이상인 계단의 개방된 측면에 안전난간을 설치하여야 한다.

① 500kg
② 4
③ 1m
④ 3m
⑤ 1m

건설안전관리

216 잠함 또는 우물통의 급격한 침하에 의한 위험을 방지하기 위해, 준수하여야 할 사항 2가지를 쓰시오.

① 침하관계도에 따라 굴착 방법 및 재하량 등을 정할 것
② 바닥으로부터 천장 또는 보까지의 높이는 1.8m 이상으로 할 것

암기법 침/바

건설안전관리

217 잠함 · 우물통 · 수직갱 그 밖에 이와 유사한 건설물 또는 설비의 내부에서 굴착작업을 하는 경우에 사업주의 준수 사항 3가지를 쓰시오.

① 산소 결핍 우려가 있는 경우에는 산소의 농도를 측정하는 사람을 지명하여 측정하도록 할 것
② 근로자가 안전하게 오르내리기 위한 설비를 설치할 것
③ 굴착 깊이가 20 m를 초과하는 경우에는 해당 작업장소와 외부와의 연락을 위한 통신설비 등을 설치할 것

건설안전관리

218 낙하물방지망 또는 방호선반을 설치 시의 준수사항을 설명하였다. 괄호를 채우시오.

> 가) 설치높이는 (①)m 이내마다 설치하고, 내민길이는 벽면으로부터 (②)m 이상으로 할 것
> 나) 수평면과의 각도는 (③)° 이상 (④)° 이하를 유지할 것

① 10m
② 2m
③ 20°
④ 30°

암 기 법   낙하물내민길이 2m, 추락방호망 3m **'추3낙2'**

건설안전관리

219 추락방호망의 설치에 관한 설명이다. 괄호에 알맞은 숫자를 적으시오.

> 1. 안전방망의 설치위치는 가능하면 작업면으로부터 가까운 지점에 설치하여야 하며, 작업면으로부터 망의 설치지점까지의 수직거리는 (①)m를 초과하지 아니할 것
> 2. 추락방호망은 수평으로 설치하고, 망의 처짐은 짧은 변 길이의 12% 이상이 되도록 할 것
> 3. 건축물 등의 바깥쪽으로 설치하는 경우 망의 내민 길이는 벽면으로부터 (②)m 이상되도록 할 것 (다만, 그물코가 20mm 이하인 망을 사용한 경우에는 낙하물방지망을 설치한 것으로 본다.)

① 10m
② 3m

암 기 법   낙하물내민길이 2m, 추락방호망 3m

필답

건설안전관리

220 이동식 비계 작업 시, 준수사항 4가지를 작성하시오.

① 승강용사다리는 견고하게 설치할 것
② 작업발판은 항상 수평을 유지하고 작업발판 위에서 안전난간을 딛고 작업을 하거나 받침대 또는 사다리를 사용하여 작업하지 않도록 할 것
③ 비계의 최상부에서 작업을 하는 경우에는 안전난간을 설치할 것
④ 작업발판의 최대적재하중은 250 kg을 초과하지 않도록 할 것
⑤ 이동식비계의 바퀴에는 뜻밖의 갑작스러운 이동 또는 전도를 방지하기 위하여 브레이크·쐐기 등으로 바퀴를 고정시킨 다음 비계의 일부를 견고한 시설물에 고정하거나 아웃트리거를 설치하는 등 필요한 조치를 할 것

암기법 승/작/비/작

건설안전관리

221 말비계의 구조 2가지를 쓰시오.

① 지주부재의 하단에는 미끄럼 방지장치를 하고, 양측 끝 부분에서 올라서서 작업하지 아니하도록 할 것
② 지주부재와 수평면과의 기울기를 75도 이하로 하고, 지주부재와 지주부재 사이를 고정시키는 보조부재를 설치할 것
③ 말비계의 높이가 2m를 초과할 경우에는 작업발판의 폭을 40cm 이상으로 할 것

암기법 지/지/말

건설안전관리

222 비·눈 그 밖의 기상 상태의 불안정으로 인하여 날씨가 몹시 나빠서 작업을 중지시킨 후 또는 비계를 조립·해체하거나 또는 변경한 후 그 비계에서 작업을 하는 때에는 당해 작업 시작 전 비계의 이상 유무를 점검하여야 한다.
비계의 작업 시작 전 점검 사항 4가지를 적으시오.

① 손잡이의 탈락여부
② 발판재료의 손상여부 및 부착 또는 걸림 상태
③ 연결재료 및 연결철물의 손상 또는 부식 상태
④ 기둥의 침하,변형,변위 또는 흔들림 상태
⑤ 해당 비계의 연결부 또는 접속부 풀림 상태
⑥ 로프의 부착상태 및 매단장치의 흔들림 상태

암기법 손/발/연/기/해

건설 안전 관리

223 비상구의 설치 기준 2가지를 쓰시오.

① 출입구와 같은 방향에 있지 아니하고, 출입구로부터 3m 이상 떨어져 있을 것
② 비상구의 너비는 0.75m 이상으로 하고, 높이는 1.5m 이상으로 할 것
③ 작업장의 각 부분으로 부터 하나의 비상구 또는 출입구까지의 수평거리가 50m 이하가 되도록 할 것
④ 비상구의 문은 피난방향으로 열리도록 하고, 실내에서 항상 열 수 있는 구조로 할 것

건설 안전 관리

224 가설통로의 구조 3가지를 적으시오.

① 견고한 구조로 할 것
② 경사는 30도 이하로 할 것
③ 경사가 15도를 초과하는 경우, 미끄러지지 아니하는 구조로 할 것
④ 추락의 위험이 있는 구역에는 안전난간을 설치 할 것
⑤ 수직갱·길이가 15m 이상인 때에는 10m 이내마다 계단참을 설치할 것
⑥ 건설공사에 사용하는 높이 8m이상인 비계다리에는 7m 이내마다 계단참을 설치 할 것

암 기 법 견/경/경/추

건설 안전 관리

225 사다리식 통로의 구조 5가지를 적으시오.

① 견고한 구조로 할 것
② 심한손상·부식 등이 없는 재료를 사용 할 것
③ 발판의 간격은 일정하게 할 것
④ 발판과 벽과의 사이는 15cm이상의 간격을 유지 할 것
⑤ 폭은 30cm 이상으로 할 것
⑥ 사다리가 넘어지거나 미끄러지는 것을 방지하기 위한 조치를 취할 것
⑦ 사다리식 통로의 길이가 10m 이상인 경우에는 5m이내마다 계단참을 설치할 것
⑧ 사다리의 상단은 걸쳐놓은 지점으로부터 60cm 이상 올라가도록 할 것

암 기 법 견/심/발/발

건설안전관리

226 공사용 가설 도로를 설치하는 경우 준수하여야 할 사항 4가지를 서술하시오.

① 도로는 장비와 차량이 안전하게 운행할 수 있도록 견고하게 설치할 것
② 도로와 작업장이 접하여 있을 경우에는 울타리 등을 설치할 것
③ 도로는 배수를 위하여 경사지게 설치하거나 배수시설을 설치할 것
④ 차량의 속도제한 표지를 부착할 것

암 기 법   도/도/도/차

건설안전관리

227 「산업안전보건법령」상, 비계(달비계, 달대비계 및 말비계는 제외한다)의 높이가 2 m 이상인 작업장소에 설치해야하는 작업발판에 관한 설명이다. 다음 ( ) 알맞은 것을 넣으시오.

> 1. 발판재료는 작업할 때의 하중을 견딜 수 있도록 견고한 것으로 할 것
> 2. 작업발판의 폭은 (①) cm 이상으로 하고, 발판재료 간의 틈은 (②) cm 이하로 할 것. 다만, 외줄비계의 경우에는 고용노동부장관이 별도로 정하는 기준에 따른다.
> 3. 추락의 위험이 있는 장소에는 (③) 을 설치할 것.

① 40cm
② 3cm
③ 안전난간

건설안전관리

228 작업발판 일체형 거푸집의 종류 4가지를 쓰시오.

① 갱폼
② 슬립폼
③ 터널라이닝폼
④ 클라이밍폼

암 기 법   갱/슬/터/클

건설 안전 관리

229 콘크리트 타설 작업시의 준수 사항 3가지를 쓰시오.

① 콘크리트를 타설하는 경우에는 편심이 발생하지 않도록 골고루 분산하여 타설할 것
② 작업을 시작하기 전에 해당 작업에 관한 거푸집동바리등의 변형 · 변위 및 지반의 침하 유무 등을 점검하고 이상이 있으면 보수할 것
③ 작업 중에는 거푸집동바리등의 변형 · 변위 및 침하 유무 등을 감시할 수 있는 감시자를 배치 하여 이상이 있으면 작업을 중지하고 근로자를 대피시킬 것
④ 콘크리트 타설작업 시 거푸집 붕괴의 위험이 발생 할 우려가 있으면 충분한 보강조치를 할 것
⑤ 설계도서상의 콘크리트 양생기간을 준수하여 거푸집동바리등을 해체할 것

건설 안전 관리

230 철골 공사 작업을 중지해야하는 조건 3가지를 쓰시오.

① 풍속 : 10m/s 이상인 경우
② 강우량 : 1mm/hr 이상인 경우
③ 강설량 : 1cm/hr 이상인 경우

건설 안전 관리

231 콘크리트 옹벽의 안정성 검토 사항 3가지를 쓰시오.

① 전도에 대한 안정
② 활동에 대한 안정
③ 침하에 대한 안정

암기법 전/활/침

건설 안전 관리

232 부두, 안벽 하역 작업 시 사업주의 조치 사항 3가지를 쓰시오.

① 작업장 및 통로의 위험한 부분에는 안전하게 작업할 수 있는 조명을 유지할 것
② 부두 또는 안벽의 선을 따라 통로를 설치하는 경우에는 폭을 90 cm 이상으로 할 것
③ 육상에서의 통로 및 작업장소로서 다리 또는 선거(船渠) 갑문(閘門)을 넘는 보도(步道) 등의 위험한 부분에는 안전난간 또는 울타리 등을 설치할 것

암기법 작/부/육

건설안전관리

233 「산업안전보건법령」상, 다음 빈 칸을 채우시오.

> 가) 화물을 취급하는 작업 등에 사업주는 바닥으로부터의 높이가 2m 이상 되는 하적단과 인접 하적단사이의 간격을 하적단의 밑부분을 기준하여 (①) cm 이상으로 하여야 한다.
> 나) 부두 또는 안벽의 선을 따라 통로를 설치하는 경우에는 폭을 (②) cm 이상으로 할 것
> 다) 육상에서의 통로 및 작업장소로서 다리 또는 선거 갑문을 넘는 보도 등의 위험한 부분에는 (③) 또는 울타리 등을 설치할 것

① 10cm
② 90cm
③ 안전난간

건설안전관리

234 벌목 작업 시 위험 방지를 위해 사업주가 준수해야하는 사항 2가지를 쓰시오

① 미리 대피로 및 대피장소를 정해 둘 것
② 벌목 작업 중에는 벌목하려는 나무로부터 해당 나무 높이의 2배에 해당하는 직선거리 안에서 다른 작업을 하지 않을 것
③ 벌목하려는 나무의 가슴 높이 지름이 20 cm 이상인 경우에는 수구의 상면·하면의 각도를 30도 이상으로 하며, 수구 깊이는 뿌리 부분 지름의 4분의 1 이상 3분의 1 이하로 만들 것

보호구 235
안전모의 종류 3가지를 적고 용도에 대하여 설명하시오.

AB종 : 물체의 낙하·비래·추락에 의한 위험 방지
AE종 : 물체의 낙하·비래·감전에 의한 위험 방지
ABE종 : 물체의 낙하·비래·추락·감전에 의한 위험 방지

보호구 236
안전모의 성능 시험 종류 6가지를 쓰시오.

① 내관통성 시험
② 내전압성 시험
③ 내수성 시험
④ 난연성 시험
⑤ 충격흡수성 시험
⑥ 턱끈풀림 시험

보호구 237
안전모의 시험에 관한 내용이다. 빈칸에 알맞은 내용을 쓰시오.

· AB종의 관통거리 (① mm) 이하
· AE종 및 ABE종의 관통거리 (② mm) 이하
· 충격흡수성 : 최고전달충격력이 (③ N) 을 초과해서는 안된다.

① 11.1mm
② 9.5mm
③ 4,450N

[참고]
· AB종의 관통거리 11.1mm 이하
· AE종 및 ABE종의 관통거리 9.5mm 이하
· 충격흡수성 : 최고전달충격력이 4,450N을 초과해서는 안된다.

필답

보호구 238 방독마스크 정화통에 안전인증 표시 외에 표시하는 사항 4가지를 쓰시오.

① 파과곡선도
② 정화통의 외부측면의 표시색
③ 사용시간 기록카드
④ 사용상의 주의사항

암 기 법 파/정/사/사

보호구 239 방독마스크 시험가스와 외부측면의 표시색에 대하여, 괄호안에 알맞은 내용을 쓰시오.

종류	시험가스	표시색
유기화합물용	시클로헥산(C6H12)	갈색
	(①)	
	이소부탄(C4H10)	
할로겐용	(②)	회색
황화수소용	황화수소가스(H2S)	
시안화수소용	시안화수소가스(HCN)	
아황산용	아황산가스(SO2)	(③)
암모니아용	(④)	녹색

① 디메틸에테르(CH3OCH3)
② 염소가스 또는 증기
③ 노란색
④ 암모니아가스(NH3)

참고

종류	시험가스	표시색
유기화합물용	시클로헥산(C6H12)	갈색
	디메틸에테르(CH3OCH3)	
	이소부탄(C4H10)	
할로겐용	염소가스 또는 증기	회색
황화수소용	황화수소가스(H2S)	
시안화수소용	시안화수소가스(HCN)	
아황산용	아황산가스(SO2)	노란색
암모니아용	암모니아가스(NH3)	녹색

보호구 240

보호구 안전인증 고시상 사용 장소에 따른 방독마스크의 등급 기준 중 다음 ( )안에 알맞은 내용을 쓰시오.

> 고농도 : 가스 또는 증기의 농도가 100분의 (①) 이하의 대기 중에서 사용하는 것
> 중농도 : 가스 또는 증기의 농도가 100분의 (②) 이하의 대기 중에서 사용하는 것
> 방독마스크는 산소농도가 (③)% 이상인 장소에서 사용하여야 하고, 고농도와 중농도에서 사용하는 방독마스크는 전면형(격리식·직결식)을 사용하는 것

① 2
② 1
③ 18%

보호구 241

특급방진마스크를 사용하여야하는 장소 2가지를 쓰시오.

① 베릴륨 등과 같이 강한독성물질을 함유한 분진 등 발생 장소
② 석면 취급 장소

암기법 베/석

보호구 242

1급 방진마스크를 사용하여야하는 장소 3가지를 쓰시오.

① 특급 마스크 착용 장소를 제외한 분진 발생 장소
② 금속흄 등과 같이 열적으로 생기는 분진 발생 장소
③ 기계적으로 생기는 분진 발생 장소

암기법 특/금/기

필답

보호구

243 방진마스크 성능 시험 종류 5가지를 쓰시오.

① 안면부 흡기저항시험
② 안면부 배기저항시험
③ 안면부 누설율시험
④ 시야시험
⑤ 불연성시험

암기법 흡/배/누/시/불

보호구

244 분리식 방진마스크와 안면부여과식 마스크의 포집효율을 적으시오.

분리식	등급	포집효율	안면부 여과식	등급	포집효율
	특급	(①)% 이상		특급	99.0% 이상
	1급	(②)% 이상		1급	94.0% 이상
	2급	80.0% 이상		2급	(③)% 이상

① 99.95% 이상
② 94.0% 이상
③ 80.0% 이상

참고

분리식	등급	포집효율	안면부 여과식	등급	포집효율
	특급	99.95% 이상		특급	99.0% 이상
	1급	94.0% 이상		1급	94.0% 이상
	2급	80.0% 이상		2급	80.0% 이상

보호구

245 다음 표는 방독마스크에 관한 용어의 설명이다. 각 설명에 해당하는 용어를 쓰시오.

> 가) 대응하는 가스에 대하여 정화통 내부의 흡착제가 포화상태가 되어 흡착력을 상실한 상태 : (①)
> 나) 방독마스크(복합용 포함)의 성능에 방진마스크의 성능이 포함된 방독마스크 : (②)

① 파과
② 겸용 방독마스크

보호구 246 U자 걸이용 안전대 구조의 기준 3가지를 서술하시오.

① 지탱벨트, 각링 신축 조절기가 있을 것
② 신축조절기는 죔줄로부터 이탈 하지 않을 것
③ U자 걸이를 사용한 상태에서는 신체의 추락 방지를 위한 보조죔줄을 사용 할 것

보호구 247 안전블록의 구조 조건을 작성 하시오.

① 자동잠김장치를 갖출 것
② 안전블록 부품은 부식방지처리를 할 것

보호구 248 차광보안경의 사용 구분에 따른 종류 4가지를 쓰시오.

① 자외선용
② 적외선용
③ 복합용
④ 용접용

> 암기법 : 자/적/복/용

보호구 249 안전인증대상 보안경과 자율안전확인대상 보안경 선택 시 유의사항을 쓰시오.

1. 안전인증대상 보안경
 ① 차광보안경 : 해로운 자외선·적외선·강렬한 가시광선이 발생하는 장소에서 눈을 보호하기 위한 것

2. 자율안전확인대상 보안경
① 유리보안경 : 미분·칩·기타 비산물로부터 눈을 보호하기 위한 것
② 플라스틱보안경 : 미분·칩·액체·약품 등 기타 비산물로부터 눈을 보호하기 위한 것
③ 도수렌즈 보안경 : 빛·비산물·기타 유해물질로부터 눈을 보호함과 동시에 시력을 교정하기 위한 것

필답

보호구 250 안전인증대상 안전화 종류 5가지를 쓰시오.

① 가죽제안전화
② 고무제안전화
③ 정전기안전화
④ 발등안전화
⑤ 절연화
⑥ 절연장화

보호구 251 안전화 성능 시험 종류 6가지를 적으시오.

① 내답발성 시험
② 내압박성 시형
③ 내유성 시험
④ 내부식성 시험
⑤ 내충격성 시험
⑥ 박리저항 시험

보호구 252 산업안전보건법령 상, 사업주가 다음 작업을 하는 근로자에게 근로자 수 이상으로 지급하고, 착용하도록 하여야하는 보호구를 ( )안에 쓰시오.

> (①) – 물체가 떨어지거나 날아올 위험 또는 근로자가 추락할 위험이 있는 작업
> (②) – 높이 또는 깊이 2m 이상의 추락할 위험이 있는 장소에서 하는 작업
> (③) – 물체가 흩날릴 위험이 있는 작업
> (④) – 고열에 의한 화상 등의 위험이 있는 작업

① 안전모
② 안전대
③ 보안경
④ 방열복

보호구 253 방열복의 종류 5가지를 쓰시오.

① 방열 상의
② 방열 하의
③ 방열 일체복
④ 방열 장갑
⑤ 방열 두건

보호구

254 내전압용 절연장갑 최대사용전압 및 색상을 표기하시오.

등급	최대사용전압		색상
	교류 (V, 실효값)	직류(V)	
00	500	(①)	갈색
0	(②)	1,500	빨간색
1	7,500	(③)	흰색
2	17,000	(④)	노란색
3	(⑤)	39,750	녹색
4	(⑥)	(⑦)	등색

① 750
② 1,000
③ 11,250
④ 25,500
⑤ 26,500
⑥ 36,000
⑦ 54,000

참고

등급	최대사용전압		참고	색상
	교류 (V, 실효값)	직류(V)		
00	500	750	직류는 교류값 ×1.5	갈색
0	1,000	1,500		빨간색
1	7,500	11,250		흰색
2	17,000	25,500		노란색
3	26,500	39,750		녹색
4	36,000	54,000		등색

필답

255 「산업안전보건법령」상, 안전보건표지에 있어 경고표지의 종류를 4가지 쓰시오.

① 인화성 물질경고
② 산화성 물질경고
③ 폭발성 물질경고
④ 급성독성 물질경고
⑤ 부식성 물질경고
⑥ 방사성 물질경고
⑦ 고압전기 경고
⑧ 매달린 물체 경고
⑨ 낙하물 경고
⑩ 고온 경고
⑪ 저온 경고
⑫ 몸균형 상실 경고
⑬ 레이저광선 경고
⑭ 발암성·변이원성·생식독성·전신독성·호흡기과민성 물질경고
⑮ 위험장소 경고

256 응급구호표지를 그리시오.
(단, 색상표시는 글자로 나타내도록 하며, 크기에 대한 기준을 표시하지않아도 됨)

응급구호표지

바탕 : 녹색
기본모형 및 관련부호 : 흰색

257 출입금지표지를 그리시오.
(단, 색상표시는 글자로 나타내도록 하며, 크기에 대한 기준을 표시하지않아도 됨)

출입금지

바탕 : 흰색
기본모형 : 빨간색
관련부호 및 그림 : 검은색

> 신기방기 꿀팁!
> 안전보건표지 종류에 대해 그림을 그리는 문제는, 아래의 표지들 말고는 없습니다!

출입금지	녹십자표지	고압전기 경고	위험장소 경고	응급구호표지

안전보건표지

258 안내표지의 종류 6가지를 쓰시오. (단, 좌측비상구, 우측비상구는 제외한다.)

① 녹십자표지
② 응급구호표지
③ 들 것
④ 세안장치
⑤ 비상용기구
⑥ 비상구

안전보건표지

259 출입금지 표지 종류 3가지를 서술하시오.

① 허가대상물질 작업장
② 석면취급·해체 작업장
③ 금지대상 물질의 취급 실험실 등

암기법 허/석/금

필답

안전보건표지

260 산업안전보건법령 상, 다음 그림에 해당하는 안전보건표지의 명칭을 쓰시오.

①

②

③

④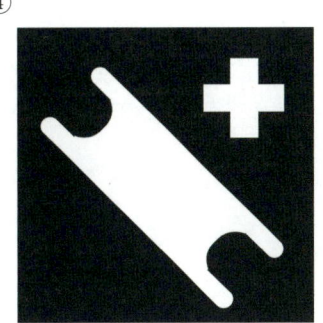

① 물체이동금지
② 폭발성 물질 경고
③ 부식성 물질 경고
④ 들 것

안전보건표지

261 "허가대상물질 작업장" 표지 하단에 작성 해야 하는 내용을 2가지 쓰시오.

① 보호구/보호복 착용
② 흡연 및 취식금지

> 참고

5. 관계자 외 출입금지

501 허가대상물질 작업장	502 석면취금/해체 작업장	503 금지대상물질의 취급 실험실 등
관계자 외 출입금지 (허가대상 유해 물질명칭) 제조/사용/보관중 (보호구/보호의 착용) (흡연 및 취식금지)	관계자 외 출입금지 석면취급/해체 중 보호구/보호의 착용 흡연 및 취식금지	관계자 외 출입금지 발암물질 취급중 보호구/보호의 착용 흡연 및 취식금지

안전보건표지

262 안전·보건표지의 색채·색도 기준 및 용도를 빈 칸에 알맞게 쓰시오.

색채	색도기준	용도	사용례
(①)	7.5R 4/14	(②)	정지신호, 소화설비 및 그 장소, 유해행위의 금지
		경고	화학물질 취급장소에서의 유해·위험경고
노란색	5Y 8.5/12	경고	화학물질 취급장소에서의 유해·위험경고 이외의 위험경고·주의표지 또는 기계방호물
파란색	2.5PB 4/10	지시	(③)
녹색	2.5G 4/10	안내	비상구 및 피난소, 사람 또는 차량의 통행표지
흰색	(④)		파란색 또는 녹색에 대한 보조색
검은색	N0.5		문자 및 빨간색 또는 노란색에 대한 보조색

① 빨간색
② 금지
③ 특정행위의 지시 및 사실의 고지
④ N9.5

> 참고

색채	색도기준	용도	사용례
빨간색	7.5R 4/14	금지	정지신호, 소화설비 및 그 장소, 유해행위의 금지
		경고	화학물질 취급장소에서의 유해·위험경고
노란색	5Y 8.5/12	경고	화학물질 취급장소에서의 유해·위험경고 이외의 위험경고·주의표지 또는 기계방호물
파란색	2.5PB 4/10	지시	특정 행위의 지시 및 사실의 고지
녹색	2.5G 4/10	안내	비상구 및 피난소, 사람 또는 차량의 통행표지
흰색	N9.5	–	파란색 또는 녹색에 대한 보조색
검은색	N0.5	–	문자 및 빨간색 또는 노란색에 대한 보조색

계산

산업재해지표 _ 1번 ~ 22번

기계안전 _ 23번 ~ 27번

화학안전공학 _ 28번 ~ 30번

건설안전 _ 31번 ~ 34번

전기안전 _ 35번 ~ 36번

안전관리비 계상 _ 37번

계산

산업재해지표

001 A 사업장의 평균근로자수는 540명이다. 지난해 12건의 재해, 15명의 재해자가 발생하여 근로손실일수 총 6500일이 발생한 상황에서 다음을 계산하시오.
(단, 근무시간은 1일 9시간, 근무일수는 연간 280일이며 소수 둘째자리까지 반올림하여 쓰시오.)

> ① 도수율 :
> ② 강도율 :
> ③ 연천인율 :
> ④ 종합재해지수 :

① 도수율 = $\dfrac{\text{재해 수}}{\text{총 근로시간 수}} \times 10^6 = \dfrac{12}{540 \times 9 \times 280} \times 10^6 ≒ 8.82$

② 강도율 = $\dfrac{\text{총 근로손실일수}}{\text{총 근로시간 수}} \times 10^3 = \dfrac{6500}{540 \times 9 \times 280} \times 10^3 ≒ 4.78$

③ 연천인율 = $\dfrac{\text{연간 재해자 수}}{\text{연평균 근로자 수}} \times 10^3 = \dfrac{15}{540} \times 10^3 ≒ 27.78$

④ 종합재해지수 = $\sqrt{\text{도수율} \times \text{강도율}} = \sqrt{8.82 \times 4.78} ≒ 6.49$

> **신기방기 꿀팁!**
> 각각의 공식을 **모두 암기**하셔야 합니다!

산업재해지표

002 A 사업장의 근로자수는 500명이며, 작년 동안 3건의 재해가 발생하였을 때 도수율을 구하여라. (단, 근로자 1인당 연간 총근로시간이 3000시간이다.)

도수율 = $\dfrac{\text{재해 수}}{\text{총 근로시간 수}} \times 10^6 = \dfrac{3}{500 \times 3000} \times 10^6 = 2$

003 다음 보기의 공식을 각각 쓰시오

산업재해지표

> ① 연천인율 :
> ② 평균강도율 :
> ③ 안전활동율 :
> ④ 종합재해지수 :

① 연천인율

$$\text{연천인율} = \frac{\text{연간 재해자 수}}{\text{연 평균 근로자수}} \times 1{,}000$$

(근로자 1000명당 1년간에 발생하는 재해발생자수의 비율)

② 평균강도율

$$\text{평균강도율} = \frac{\text{강도율}}{\text{도수율}} \times 1{,}000$$

③ 안전활동율

$$\text{안전활동율} = \frac{\text{안전활동건수}}{\text{총 근로시간}} \times 1{,}000{,}000$$

④ 종합재해지수 $= \sqrt{\text{도수율} \times \text{강도율}}$

004

산업재해지표

A 사업장의 평균근로자수 300명이며 연평균재해건수가 2건, 휴업일수가 219일 발생하였다. 이 사업장의 종합재해지수를 계산하시오. (단, 1일 8시간 근무하고 연간 280일 근무하며, 소수 둘째자리까지 반올림하시오.)

종합재해지수를 구하기 위해서는 **도수율**과 **강도율**을 먼저 구해야 합니다.

$$\text{도수율} = \frac{\text{재해 수}}{\text{총 근로시간 수}} \times 10^6 = \frac{2}{300 \times 8 \times 280} \times 10^6 \fallingdotseq 2.98$$

$$\text{강도율} = \frac{\text{총 근로손실일수}}{\text{총 근로시간 수}} \times 10^3 = \frac{219 \times \frac{280}{365}}{300 \times 8 \times 280} \times 10^3 = 0.25$$

$$\text{종합재해지수} = \sqrt{\text{도수율} \times \text{강도율}} = \sqrt{2.98 \times 0.25} \fallingdotseq 0.86$$

계산

산업재해지표

005 다음 용어를 설명하시오

> ① 연천인율 :
> ② 강도율 :

① 연천인율 : 1년을 기준으로 근로자 1000명 중 재해자 수의 비율

$$\frac{\text{연간 재해자 수}}{\text{연 평균 근로자수}} \times 10^3$$

② 강도율 : 근로시간 합계 1,000시간당 재해로 인한 근로손실 일수의 비율

$$\text{강도율} = \frac{\text{총 근로손실일수}}{\text{총 근로시간수}} \times 10^3$$

산업재해지표

006 근로자수 400명인 사업장에서 하루 8시간 연간 280일 근무하던 중 재해자수가 100명, 재해발생건수가 80건, 근로손실일수가 800일 발생하였다. 종합재해지수를 계산하시오. (단, 소수둘째자리까지 반올림하시오.)

종합재해지수를 구하기 위해서는 **도수율**과 **강도율**을 먼저 구해야 합니다.

① 도수율 = $\dfrac{\text{재해 수}}{\text{총 근로시간 수}} \times 10^6 = \dfrac{80}{400 \times 8 \times 280} \times 10^6 ≒ 89.29$

② 강도율 = $\dfrac{\text{총 근로손실일수}}{\text{총 근로시간 수}} \times 10^3 = \dfrac{800}{400 \times 8 \times 280} \times 10^3 ≒ 0.89$

③ 종합재해지수 = $\sqrt{\text{도수율} \times \text{강도율}} = \sqrt{89.29 \times 0.89} ≒ 8.91$

산업재해지표

007 강도율을 계산하는 공식이다. 괄호를 채우시오.

$$강도율 = \frac{①}{총\ 근로시간\ 수} \times ②$$

① 총 근로손실 일수
② 10^3

산업재해지표

008 연 근로시간수가 2400시간인 어느 작업장에서 근로자 600명이 작업하고 있다. 작년 한 해 동안 120건의 재해가 발생되어 800일의 근로손실일수가 발생하였다. 이 작업장의 종합재해지수를 계산하시오.
(단, 소수 넷째자리에서 반올림하여 셋째자리까지 나타낼 것)

종합재해지수를 구하기 위해서는 **도수율**과 **강도율**을 먼저 구해야 합니다.

① 도수율 $= \dfrac{재해\ 수}{총\ 근로시간\ 수} \times 10^6 = \dfrac{120}{600 \times 2400} \times 10^6 ≒ 83.333$

② 강도율 $= \dfrac{총\ 근로손실일수}{총\ 근로시간\ 수} \times 10^3 = \dfrac{800}{600 \times 2400} \times 10^3 ≒ 0.556$

③ 종합재해지수 $= \sqrt{도수율 \times 강도율} = \sqrt{83.333 \times 0.556} ≒ 6.807$

산업재해지표

009 근로자 수가 300명인 어느 사업장에서 작년 한 해 동안 15건의 재해로 인하여 휴업일수 288일이 발생했을 때, 도수율과 강도율을 계산하시오.
(단, 연간 근로일수 280일, 1일 8시간 근로하였고, 소수 둘째자리까지 반올림하시오.)

① 도수율 $= \dfrac{재해\ 수}{총\ 근로시간\ 수} \times 10^6 = \dfrac{15}{300 \times 8 \times 280} \times 10^6 ≒ 22.32$

② 강도율 $= \dfrac{총\ 근로손실일수}{총\ 근로시간\ 수} \times 10^3 = \dfrac{288 \times \dfrac{280}{365}}{300 \times 8 \times 280} \times 10^3 ≒ 0.33$

계산

산업재해지표

010 연평균 근로자수가 1500명인 A공장에서 작년에 재해자수 60명이 발생하였다. 이 중 사망이 2명, 나머지 근로손실일수가 1200일 발생하였다면 A공장의 연천인율을 계산하시오.

① 연천인율 = $\dfrac{\text{연간 재해자 수}}{\text{연평균 근로자 수}} \times 10^3 = \dfrac{60}{1500} \times 10^3 = 40$

산업재해지표

011 근로자 400명이 작업하는 사업장에서 작년 한 해 동안 재해자수 20명, 재해로 인한 근로손실일수가 100일이 생겼다. 사업장의 강도율을 계산하시오.
(단, 1일 8시간, 연간 250일 근로하였다.)

① 강도율 = $\dfrac{\text{총 근로손실일수}}{\text{총 근로시간 수}} \times 10^3 = \dfrac{100}{400 \times 8 \times 250} \times 10^3 ≒ 0.13$

산업재해지표

012 근로자 수 1,440명이 주당 40시간씩 연간 50주 근무하고 조기출근 및 잔업시간 합계가 100,000시간, 출근율 94%인 사업장에서 재해건수 40건으로 인한 근로손실일수가 1,200일(사망재해 제외), 사망 1건이 발생했다. 이 사업장의 강도율을 구하시오.

① 강도율 = $\dfrac{\text{총 근로손실일수}}{\text{총 근로시간 수}} \times 10^3 = \dfrac{100}{400 \times 8 \times 250} \times 10^3 = 3.10$

$= \dfrac{1200 + 7500}{1440 \times 40 \times 50 \times 0.94 + 100,000} \times 10^3 = 3.10$

산업재해지표

013 사망만인율 계산식과 사망자수에 포함 되지 않는 경우 2가지를 쓰시오.

① 사망만인율 = $\dfrac{\text{사망자 수}}{\text{산재보험적용근로자 수}} \times 10000$

② 사망자 수에 포함되지 않는 경우
  ▸ 체육행사에 의해 사망한 경우
  ▸ 폭력행위에 의해 사망한 경우
  ▸ 사업장 밖의 교통사고의 경우
  ▸ 사고발생일로부터 1년 이후 경과하여 사망한 경우

산업재해지표

014 근로자수가 2000명인 사업장에서 작년 한 해 동안 11건의 재해가 발생하였다. 재해로 인한 사망자수 2명, 재해자수가 10명일 경우 사망 만인율을 계산하시오.

① 사망만인율 = $\dfrac{\text{사망자 수}}{\text{산재보험적용근로자 수}} \times 10^4 = \dfrac{2}{2000} \times 10^4 = 10$

산업재해지표

015 사망만인율을 구하시오.

- 사망자수 : 5명
- 산재보험 적용 근로자 수 : 20,000명
- 임금 근로자 : 20,500명
- 근로시간 : 2,000시간

사망만인율 = $\dfrac{\text{사망자 수}}{\text{산재보험적용근로자 수}} \times 10{,}000$

= $\dfrac{5}{20{,}000} \times 10{,}000$

= 2.5

계산

산업재해지표

016 어느 사업장의 도수율은 18.73일 일 때, 근로자 1명이 평생 작업하는 동안 발생할 수 있는 재해건수를 구하시오.
(단, 1일 8시간, 월 25일 근무, 평생 근로년수 35년, 연간 잔업시간 240시간이다.)

근로자가 평생 근로하는 동안의 재해건수를 **환산도수율**이라고 합니다.
환산도수율의 경우 보통 평생근로시간을 10만시간으로 가정했을 때

[도수율 × 0.1] 공식을 가장 많이 사용합니다만,

위 문제처럼 만약 평생근로시간이 다르거나 혹은 따로 계산해줘야 하는 경우라면
$[도수율 × \frac{평생근로시간}{1,000,000}]$을 사용하면 됩니다.

■ 평생근로시간 = (8×25×12+240)×35 = 92,400 시간
  1일 8시간, 월 25일, 연 12개월과 연 잔업시간 240시간을 35년간 반복.

① 환산도수율 = $18.73 × \frac{92,400}{1,000,000}$ ≒ 1.73 ≒ **2건**

산업재해지표

017 연평균 근로자수가 1500명인 어느 공장에서 연간 재해건수가 60건 발생하였다. 이 중 사망이 2건, 근로손실일수가 1200일인 경우 연천인율을 구하시오.
(단, 소수 둘째 자리에서 반올림하시오.)

우선 **연천인율의 공식**으로는 **두가지**를 모두 기억해야 합니다.

1. 연천인율 = 도수율 × 2.4

2. 연천인율 = $\dfrac{\text{연간 재해자 수}}{\text{연평균 근로자 수}} \times 10^3$

이 문제는 재해자수도 정확히 나오지 않았고, 도수율을 구해서 2.4를 곱하려 해도 정확한 하루 근무시간과 연간 근무일수도 나오지 않았습니다. 따라서 2가지의 해설을 모두 드리니 편하신 방법으로 이해하시고 푸시면 되겠습니다.

① *1건의 재해 당 1명의 재해자가 발생했다고 가정하면,*

연천인율 = $\dfrac{\text{연간 재해자 수}}{\text{연평균 근로자 수}} \times 10^3 = \dfrac{60}{1500} \times 10^3 = 40$

(이 방법으로 답안을 작성하시려면, *밑줄 친 글씨의 가정*을 꼭 같이 쓰셔야합니다.)

② *정확한 근무시간이 없으므로, 표준 근무시간인 하루 8시간, 연간 300일로 가정하면,*

도수율 = $\dfrac{\text{재해 수}}{\text{총 근로시간 수}} \times 10^6 = \dfrac{60}{1500 \times 8 \times 300} \times 10^6 ≒ 16.67$

연천인율 = 도수율 × 2.4 = 16.67 × 2.4 ≒ 40.01

(이 방법도 답안을 작성하시려면, *밑줄 친 글씨의 가정*을 꼭 같이 쓰셔야합니다.)

계산

산업재해지표

018 2017년도 S기업의 근로자는 500명이 작업하면서 1일 8시간 연간 300일 근무 중 사망 재해건수 2건, 휴업일수 27일, 잔업시간 10,000시간, 조퇴시간 500시간, 출근율 95%이었을 때, 강도율을 계산하시오.
(단, 소수 둘째자리까지 반올림하시오.)

근로손실일수 공식 : 휴업(요양)일수/입원일수 × $\dfrac{\text{연간 실제 작업(근로)일 수}}{365(\text{1년 총 일수})}$

신체 장애 등급	근로 손실일 수
사망, 1급, 2급, 3급	7500일
4급	5500일
5급	4000일
6급	3000일
7급	2200일
8급	1500일
9급	1000일
10급	600일
11급	400일
12급	200일
13급	100일
14급	50일

사망 2건이므로 위에서 구한 근로손실일수에 7500×2를 더해줍니다.

① 강도율

$$\dfrac{\text{총 근로손실일수}}{\text{총 근로시간 수}} \times 10^3 = \dfrac{7500 \times 2 + 27 \times \dfrac{300}{365}}{(500 \times 8 \times 300 \times 0.95) + 10000 - 500} \times 10^3 ≒ 13.07$$

≒ 13.07

산업재해지표

019 사업장에서 재해로 인하여 사망 2명, 1급 장해 1명, 2급 장해 1명, 9급 장해 1명, 10급 장해 4명이 발생하였다. 사업장의 재해로 인한 총 근로손실일수를 계산하시오

근로손실일수 공식 : 휴업(요양)일수/입원일수 × $\dfrac{\text{연간 실제 작업(근로)일 수}}{365(\text{1년 총 일수})}$

사망 2건, 1급 1명, 2급 1명, 9급 1명, 10급 4명, 휴업일수는 나오지 않음.

① 총 근로손실일수
= (7500×2) + (7500×1) + (7500×1) + (1000×1) + (600×4)
= 33400(일)

산업재해지표

020 연평균 300명이 근무하는 사업장에서 사고로 인하여 사망 2건, 4급 재해 1명, 10급 재해 1명 및 요양으로 인한 휴업일수가 300일 발생하였다. 강도율을 계산하시오. (단, 1일 8시간, 연간 300일 근무하였다.)

근로손실일수 공식 : 휴업(요양)일수/입원일수 × $\dfrac{\text{연간 실제 작업(근로)일 수}}{365(\text{1년 총 일수})}$

사망 2건, 4급 1명, 10급 1명, 휴업일수 300일

① 강도율
= $\dfrac{\text{총 근로손실일수}}{\text{총 근로시간 수}} \times 10^3$
= $\dfrac{(7500 \times 2) + (5500 \times 1) + (600 \times 1) + (300 \times \dfrac{300}{365})}{300 \times 8 \times 300} \times 10^3 ≒ 29.65$

계산

산업재해지표

021 A 사업장의 근로자수는 3월말은 300명, 6월말은 320명, 9월말은 270명, 12월말은 260명이였으며, 1일 8시간, 연간 280일 작업하는 동안 연간 15건의 재해가 발생하여 휴업일수 288일을 가져왔다. 도수율과 강도율을 구하시오. (단, 소수 둘째자리까지 반올림하여 쓰시오.)

총 근로시간수를 구하기 위해서는 [연간 평균근로자수, 연간 작업일수, 하루 근무시간]을 모두 알아야하는데, 문제에서는 평균근로자수가 주어지지 않았습니다. 이럴 경우 직접 구해주시면 되는데, 일반적인 평균구하는 공식으로 풀이해주시면 됩니다.

또한 강도율에서 사용되는 총 근로손실일수도 문제에 주어지지 않았기 때문에 따로 구해주어야합니다.

■ 연간 평균근로자수 = $\dfrac{300+320+270+260}{4}$ ≒ 287.5 ≒ 288(명)

(0.5라는 값의 사람은 없기때문에 반올림해서 사용합니다.)

① 도수율 = $\dfrac{\text{재해 수}}{\text{총 근로시간 수}} \times 10^6$ = $\dfrac{15}{288 \times 8 \times 280} \times 10^6$ ≒ 23.25

② 강도율 = $\dfrac{\text{총 근로손실일수}}{\text{총 근로시간 수}} \times 10^3$ = $\dfrac{288 \times \dfrac{280}{365}}{288 \times 8 \times 280} \times 10^3$ ≒ 0.34

산업재해지표

022 도수율이 12인 어느 사업장에서 지난 해 동안 12건의 재해로 인하여 15명의 재해자가 발생했고, 그로 인해 총 휴업일수가 146일이었을 때, 강도율을 구하시오. (단, 근로자는 연간 250일, 1일 10시간 근무하였고 소수 둘째 자리에서 반올림하시오.)

강도율은 총근로시간수와 총근로손실일수를 알아야하는데, 총 근로일수는 휴업일수로 구할 수 있지만, 총근로시간수는 근로자수가 문제에 없기 때문에 바로 알 수 없습니다.

도수율의 공식에서도 분모에 총근로시간수가 들어가므로 여기서 도수율이 12임을 이용해 총근로시간수를 알아내야한다는 것을 이해하고 풀이해야합니다.

■ 도수율 = $\dfrac{\text{재해 수}}{\text{총 근로시간 수}} \times 10^6$ = $\dfrac{12}{\text{총 근로시간 수}} \times 10^6$ = 12

이 방정식에서 총 근로시간 수를 구하면 10^6 시간이 됩니다.

강도율 = $\dfrac{\text{총 근로손실일수}}{\text{총 근로시간 수}} \times 10^3$ = $\dfrac{146 \times \dfrac{250}{365}}{10^6} \times 10^3$ = 0.1

023
양수기동식 안전장치의 안전거리를 계산하시오. (단, 클러치 맞물림 개수는 5개, 동력 프레스기의 SPM은 200이다.)

$$T_m = \left(\frac{1}{\text{클러치 맞물림 개수}} + \frac{1}{2}\right) \times \left(\frac{60000}{\text{매분행정수}}\right) = \left(\frac{1}{5} + \frac{1}{2}\right) \times \left(\frac{60000}{200}\right)$$
$$= 210$$

$D_m = 1.6 \times T_m = 1.6 \times 210 = 336\text{mm}$

> T_m : 급정지시간

> D_m : 안전(방호)장치의 안전거리

024
클러치 맞물림 개수 4개, 300SPM 동력프레스의 양수기동식 안전장치의 안전거리[mm]를 구하시오.

$$T_m = \left(\frac{1}{\text{클러치 맞물림 개수}} + \frac{1}{2}\right) \times \left(\frac{60000}{\text{매분행정수}}\right) = \left(\frac{1}{4} + \frac{1}{2}\right) \times \left(\frac{60000}{300}\right)$$
$$= 150$$

$D_m = 1.6 \times T_m = 1.6 \times 150 = 240\text{mm}$

> T_m : 급정지시간

> D_m : 안전(방호)장치의 안전거리

025
광전자식 방호장치가 설치되어 있는 프레스의 급정지시간이 200ms일 경우 광전자식 방호장치의 안전거리(mm)를 계산하시오.

$D_m = 1.6 \times T_m = 1.6 \times 200 = 320\text{mm}$

계산

기계안전

026 1000rpm으로 회전하는 롤러의 앞면 롤러의 지름이 50cm인 경우 앞면 롤러의 표면속도와 관련 규정에 따른 급정지거리(cm)를 구하시오.

> ① 앞면 롤러의 표면 속도 :
> ② 관련 규정에 따른 급정지거리 (cm) :

① 회전속도(m/min) = $\frac{\Pi \times D \times N}{1000}$ 혹은 = $\Pi \times D \times N$

- $\frac{\Pi \times D \times N}{1000}$ 이 공식을 사용할 경우 롤러의 지름(D)의 단위는 mm
- $\Pi \times D \times N$ 이 공식을 사용할 경우 롤러의 지름(D)의 단위는 m
- N : 회전수(rpm)

[롤러의 표면속도에 따른 급정지거리]

앞면 롤러의 표면속도	급정지거리
30m/min 미만	롤러 원주의 $\frac{1}{3}$ 이내 = $\pi \times d \times \frac{1}{3}$
30m/min 이상	롤러 원주의 $\frac{1}{2.5}\left(=\frac{2}{5}\right)$ 이내 = $\pi \times d \times \frac{1}{2.5}\left(=\frac{2}{5}\right)$

① $\frac{\Pi \times D \times N}{1000} = \frac{\Pi \times 500 \times 1000}{1000} = 1570.80 \text{(m/min)}$

② 속도가 30(m/min) 이상이므로 급정지거리
= $\pi \times d \times \frac{1}{2.5}\left(=\frac{2}{5}\right) = \pi \times 50 \times \frac{1}{2.5}\left(=\frac{2}{5}\right) ≒ 62.83 \text{(cm)}$

기계안전

027 롤러기 급정지장치의 급정지거리를 계산하는 공식을 나타내었다. 괄호를 채우시오.

앞면 롤러의 표면속도	급정지거리
30m/min 미만	앞면 롤러 원주의 (①) 이내
30m/min 이상	앞면 롤러 원주의 (②) 이내

① $\frac{1}{3}$

② $\frac{1}{2.5}\left(=\frac{2}{5}\right)$

화학안전공학

028 시험가스농도 1.5%에서 표준유효시간이 80분인 정화통을 유해가스농도가 0.8%인 작업장에서 사용할 경우 유효 사용가능 시간을 계산하시오.

$$\text{유효 사용가능 시간} = \frac{\text{표준유효시간(분)} \times \text{시험가스농도(\%)}}{\text{작업장 공기 중 유해가스 농도(\%)}}$$

$$= \frac{80 \times 1.5}{0.8} = 150(\text{분})$$

화학안전공학

029 공기 중에 아세틸렌이 70%, 클로로벤젠이 30% 존재한다. 다음 표와 같은 조건에서 혼합기체의 공기 중 아세틸렌의 위험도와 폭발 하한계를 구하시오.

	폭발 하한계	폭발 상한계
아세틸렌	2.5 Vol%	81 Vol%
클로로벤젠	1.3 Vol%	7.1 Vol%

① 폭발 하한계(L) = $\dfrac{100}{\dfrac{V_1}{L_1} + \dfrac{V_2}{L_2} + \dfrac{V_3}{L_3} + \cdots + \dfrac{V_n}{L_n}}$ (vol%)

· V_n : 각각의 기체의 공기 중 농도
· L_n : 각각의 기체의 폭발 하한계

② 위험도(H) = $\dfrac{\text{폭발 상한계} - \text{폭발하한계}}{\text{폭발 하한계}}$

① 폭발 하한계(L) = $\dfrac{100}{\dfrac{V_1}{L_1} + \dfrac{V_2}{L_2} + \dfrac{V_3}{L_3} + \cdots + \dfrac{V_n}{L_n}}$

= $\dfrac{100}{\dfrac{70}{2.5} + \dfrac{30}{1.3}} \fallingdotseq 1.96(\text{vol\%})$

· V_n : 각각의 기체의 공기 중 농도
· L_n : 각각의 기체의 폭발 하한계

② 아세틸렌 위험도(H) = $\dfrac{\text{폭발 상한계} - \text{폭발하한계}}{\text{폭발 하한계}} = \dfrac{81 - 2.5}{2.5} = 31.4$

계산

화학안전공학

030 부탄(C_4H_{10})의 화학양론식을 적고, 연소에 필요한 최소 산소농도(MOC)의 값을 계산하시오. (단, 부탄의 폭발하한(%)는 1.8Vol%이다.)

최소 산소농도(MOC) = 폭발하한계 × $\dfrac{\text{산소기체의 몰수}}{\text{연료(탄화수소)의 몰수}}$

우선 화학양론식은
① $1\ C_4H_{10} + 6.5\ O_2 = 4\ CO_2 + 5\ H_2O$ 혹은
② $2\ C_4H_{10} + 13\ O_2 = 8\ CO_2 + 10\ H_2O$
소수가 어렵다면 ②식으로 풀어도 무방합니다.
최소 산소농도(MOC) 역시나

①식을 이용할 경우 = 폭발하한계 × $\dfrac{\text{산소기체의 몰수}}{\text{연료(탄화수소)의 몰수}}$

= $1.8 \times \dfrac{6.5}{1} = 11.7(\text{vol}\%)$

②식을 이용할 경우 = 폭발하한계 × $\dfrac{\text{산소기체의 몰수}}{\text{연료(탄화수소)의 몰수}}$

= $1.8 \times \dfrac{13}{2} = 11.7(\text{vol}\%)$

결과값은 동일합니다.

건설안전

031 980kg의 화물을 두 줄 걸이 로프로 상부 각도 90°의 각으로 들어 올릴 때, 와이어로프 하나에 걸리는 하중을 구하시오.

와이어로프 하나에 걸리는 하중(kg)

= $\dfrac{w}{2} \div \cos\dfrac{\theta}{2} = \dfrac{980}{2} \div \cos\dfrac{90}{2} = 490 \div \dfrac{\sqrt{2}}{2} ≒ 692.96(\text{kg})$

· w : 화물의 중량(kg)
· θ : 화물을 로프로 들어올릴 때의 각도

건설 안전

032 하중이 1200KG 인 화물을 두 줄 걸이 와이어로프로 상부 각도 108도의 각으로 들어올릴 때 다음을 구하시오 (단, 파단하중은 42.8kN이다.)

(1) 안전율을 구하시오.
(2) 안전율의 만족 또는 불만족 여부와 그 이유를 쓰시오.

(1) $T = \dfrac{\dfrac{w}{2}}{\cos\dfrac{\theta}{2}} = \dfrac{\dfrac{1200}{2}}{\cos\dfrac{108}{2}}$

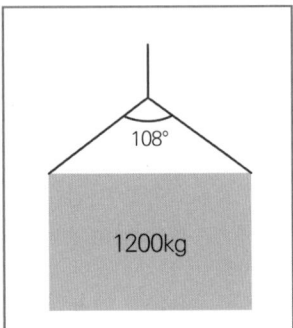

=1020.78kg X 9.8= 10003.64N = 10kN

안전율= $\dfrac{파단하중}{안전하중} = \dfrac{42.8}{10} = 4.28$

안전율 = $\dfrac{극한강도}{최대설계응력} = \dfrac{파단하중}{안전하중} = \dfrac{파괴하중}{최대사용하중} = \dfrac{인장강도}{허용응력}$

= $\dfrac{최대응력}{허용응력} = \dfrac{파괴하중}{인장응력} = \dfrac{절단하중}{허용하중}$

(2) 불만족 : 안전율이 5보다 작으므로

참고

조건	안전계수
근로자가 탑승하는 운반구를 지지하는 달기 와이어로프 또는 달기체인의 경우	10 이상
화물의 하중을 직접 지지하는 달기와이어로프 또는 달기체인의 경우	5 이상
훅, 샤클, 클램프, 리프팅 빔의 경우	3 이상
그 밖의 경우	4 이상

계산

건설 안전

033 하중이 1500kg인 화물을 두줄 걸이 와이어로프 상부각도 60도의 각으로 들어올릴 때 다음을 구하시오. (단, 파단하중은 42.8kN)

(1) 안전율을 구하시오.
(2) 안전율의 만족 또는 불만족 여부와 그 이유를 쓰시오.

(1) $T = \dfrac{w}{2} \div \cos\left(\dfrac{\theta}{2}\right)$

$= \dfrac{1500}{2} \div \cos\left(\dfrac{60}{2}\right)$

$= 866.03 \text{(kg)}$

· 안전율 $= \dfrac{42800}{866.03 \times 9.8} = 5.04$

· w : 화물의 중량(kg)

· θ : 화물을 로프로 들어올릴 때의 각

(2) 만족

건설 안전

034 화물의 하중을 직접 지지하는 달기 와이어로프의 절단하중이 2000kg 일 때, 허용하중은 얼마인가? (단, 와이어로프의 안전율은 5이다.)

안전율 $= \dfrac{\text{절단하중}}{\text{최대사용하중}}$

따라서, $5 = \dfrac{\text{절단하중}}{\text{최대사용하중}} \Rightarrow$ 최대사용하중 $= \dfrac{2000}{5} = 400\text{(kg)}$

전기안전 035

작업자가 300V의 회로를 물에 젖은 손으로 접촉하여 사망하였다. 인체저항이 1000Ω일 때 인체에 흐른 심실세동전류(mA)와 통전시간(ms)을 구하시오.

① V = IR
  · V : 전압 · I : 전류 · R : 저항
② 심실세동전류 I(mA) = $\dfrac{165}{\sqrt{T}}$
  · T : 통전시간(ms)

[인체의 전기저항]

경우	기준
습기가 있는 경우	건조시 보다 $\dfrac{1}{10}$ 저하
땀에 젖은 경우	건조시 보다 $\dfrac{1}{12} \sim \dfrac{1}{30}$ 저하
물에 젖은 경우	건조시 보다 $\dfrac{1}{25}$ 저하

① V = IR, $300 = I \times 1000 \times \dfrac{1}{25} \Rightarrow I = 7.5(A) = 7500(mA)$
  손에 물이 젖었을 경우(문제에 제시), 저항이 $\dfrac{1}{25}$ 로 감소합니다.

② $I = \dfrac{165}{\sqrt{T}}$, $7500 = \dfrac{165}{\sqrt{T}}$

  $\sqrt{T} = \dfrac{165}{7500}$, $T = \left(\dfrac{165}{7500}\right)^2 = 0.000484(s) = 0.48(ms)$

전기안전 036

DALZIEL의 관계식을 이용하여 심실세동을 일으킬 수 있는 에너지(J)를 구하시오.(단, 통전시간은 1초, 인체의 전기저항 500Ω이다.)

① $Q = I^2 RT = \left(\dfrac{165}{\sqrt{T}} \times 10^{-3}\right)^2 \times 500 \times 1 = 13.61(J)$

계산

안전관리비 계상

037 건설업의 산업안전보건관리비를 구하시오.

- 일반건설공사(갑)
  - 요율 : 계상기준은 1.86%
  - 기초액 : 5,349,000원
  - 낙찰률 : 75%
- 재료비 : 25억원
- 관급재료비 : 3억원
- 직접노무비 : 10억원
- 관리비(간접비 포함) : 10억원

[안전관리비의 계상기준]

① 대상액이 5억 미만 또는 50억 이상
  안전관리비=대상액(재료비+직접노무비)비율

② 대상액이 5억 이상 50억 미만
  안전관리비=대상액(재료비+직접노무비)비율 + 기초액

③ 발주자의 재료비를 포함한 안전관리비와 발주자의 재료비를 제외한
  안전관리비×1.2 중에서 더 적은 금액으로 안전보건관리비를 계상한다.

[산업안전보건관리비 공사 종류별 계상요율 및 기초액 기준]

	5억원 미만	5억원 이상 ~ 50억원 미만		50억원 이상
		비율	기초액	
일반건설공사(갑)	2.93%	1.86%	5,349,000원	1.97%
일반건설공사(을)	3.09%	1.99%	5,499,000원	2.10%
중건설공사	3.43%	2.35%	5,400,000원	2.44%
철도/궤도신설공사	2.45%	1.57%	4,411,000원	1.66%
특수 및 기타건설공사	1.85%	1.20%	3,250,000원	1.27%

① 발주자의 재료비를 포함한 안전관리비
  안전관리비 = (25억+3억+10억)×0.0186+5,349,000 = 76,029,000(원)

② 발주자의 재료비를 제외한 안전관리비×1.2
  안전관리비 = (25억+10억)×0.0186+5,349,000 = 70,449,000(원)
  안전관리비×1.2 = 70,449,000×1.2 = 84,538,800(원)

①, ② 중 더 작은 값은 ①이므로 산업안전보건관리비는 76,029,000원

작업형

건설 _ 1번 ~ 80번

기계기구 _ 81번 ~ 143번

전기 _ 144번 ~ 165번

용접 _ 166번 ~ 174번

화학 _ 175번 ~ 202번

보호구 _ 203번 ~ 226번

작업

001-003
크레인

001 | 건설·크레인

크레인으로 전주를 옮기던 한 작업자가 있었는데, 다른 작업자가 떨어진 전주에 맞아 사고가 발생하는 장면을 보여준다.

1) 재해형태 작성
2) 가해물 작성
3) 전기 안전모 2종류 작성

1) ① 맞음
2) ① 전주=전봇대=전신주
3) ① AE종
   ② ABE종

002 | 건설·크레인

작업자 A는 크레인으로 전주를 세우고 있다. 전주가 덜 고정되어 있는 장면을 보여주고 있다. 그때, 활선 전로에 접촉하여 감전되는 사고가 발생하였다.

1) 안전대책 4가지

1) ① 울타리 설치 및 감시인 배치
   ② 절연용 방호구 설치
   ③ 이격거리 확보
   ④ 접지점 관리

003 | 건설·크레인

1) 충전전로에서 전기 작업을 하는 경우의 조치 사항의 빈칸 작성
   (1) 충전전로를 취급하는 근로자에게 그 작업에 적합한 (ⓐ)를 착용시킬 것
   (2) 충전전로에 근접한 장소에서 전기 작업을 하는 경우에는 해당 전압에 적합한 (ⓑ)를 설치할 것.

1) ⓐ : 절연용 보호구
   ⓑ : 절연용 방호구

004 | 건설·크레인

1) 크레인 작업 시작 전 점검 사항 3가지

1) ① 권과방지장치 · 브레이크 · 클러치 및 운전 장치의 기능
   ② 주행로의 상측 및 트롤리가 횡행하는 레일의 상태
   ③ 와이어로프가 통하고 있는 곳의 상태

작업

005 | 건설·크레인

작업자 A는 크레인을 이용하여 2줄 걸이로 화물을 로프에 걸어 운반하고 있다. 수신호를 하던 작업자 B는 안전대와 안전모를 착용하지 않은 상태로 수신호를 하고 있다. 작업자 B는 수신호를 보내고 있는데, 작업자 A는 수신호를 보지 못한 채 다른 곳으로 운반하던 도중 삭은 줄이 끊어지면서 작업자 B쪽으로 화물이 떨어져 재해가 발생하였다. 화면은 유도로프가 설치되지 않은 것을 보여주고 있다.

1) 재해 원인 4가지
2) 조치 사항 4가지

1) ① 유도로프 미사용
   ② 훅 해지 장치 미사용
   ③ 신호수의 신호에 따른 작업 미준수
   ④ 와이어로프 안전 상태 미점검

2) ① 유도로프 사용
   ② 훅 해지 장치 사용
   ③ 신호수의 신호에 따른 작업 준수
   ④ 와이어로프 안전 상태 점검

006 | 건설·크레인

작업자 A는 크레인으로 물체를 인양하던 중에 지나가던 작업자 B가 맞아 재해가 발생하였다.

1) 재해명칭
2) 정의

1) ① 맞음
2) ① 날아오거나 떨어진 물체에 맞음

007 | 건설·크레인

크레인 작업자가 크고 두꺼운 배관을 와이어로프로 부적절하게 한번만 감아 인양하고 있다. 중간에 확대된 화면에서는 손상되어 찢어진 부분이 있는 끈이 보이고. 배관을 다시 인양하는 도중, 아래에서 일하던 작업자의 머리 부근까지 내려오다가 배관이 갑자기 흔들려 떨어지며, 작업자를 가격하는 장면을 보여준다.

1) 위험 요인 3가지 작성

1) ① 유도로프 미사용
   ② 훅 해지 장치 미사용
   ③ 작업반경 내 근로자의 출입 통제 미실시

작업

008-009
타워크레인

008 | 건설·타워크레인

작업자가 타워크레인을 사용하여 강관비계를 운반하던 중, 강관비계가 떨어져 아래에 있던 다른 작업자에게 사고가 발생하는 장면을 보여준다.

1) 사업주가 관계근로자에게 준수 하도록 해야 할 안전 수칙 3가지 작성

1) ① 인양할 하물을 바닥에서 끌어당기거나 밀어내는 작업을 하지 않을 것
　② 고정된 물체를 직접 분리·제거하는 작업을 하지 않을 것
　③ 작업 반경 내 근로자의 출입을 통제하고, 인양 중인 하물이 작업자의 머리 위로 통과하지 않도록 조치 할 것

009 | 건설·타워크레인

1) 타워크레인의 작업 중지 하여야 하는 조건
　① 타워크레인 운전 작업을 중지하여야 하는 풍속조건
　② 건설작업용 리프트(지하에 설치되어 있는 것은 제외) 및 승강기의 붕괴 등을 방지하기 위한 조치를 하여야 하는 풍속조건
　③ 타워크레인 설치·수리·점검 또는 해체 작업을 중지하여야 하는 풍속조건
　④ 옥외 주행 크레인의 이탈 방지 조치를 하여야 하는 풍속조건

1) ① 초당 15m 초과 (15m/s)
　② 초당 35m 초과 (35m/s)
　③ 초당 10m 초과 (10m/s)
　④ 초당 30m 초과 (30m/s)

010-012
이동식크레인

010 | 건설·이동식크레인

이동식 크레인으로 철근을 인양하는 도중 철근이 낙하하여 밑에서 작업하던 작업자 A가 부상을 입는 재해가 발생하였다.

1) 이동식 크레인 방호 장치 4가지
2) 산업안전보건법에 따른 안전검사 주기 작성

사업장에 설치가 끝난 날부터 ① 이내에 최초 안전검사를 실시하되, 그 이후부터 ②마다 실시 건설현장에서 사용하는 것은 최초로 설치한 날부터 ③마다 실시

1) ① 권과방지장치
   ② 과부하방지장치
   ③ 제동장치
   ④ 비상정지장치

2) ① 3년
   ② 2년
   ③ 6개월

작업

011 | 건설·이동식크레인

이동식 크레인 작업 현장을 보여주고 있다.

1) 이동식 크레인 작업 시작 전 점검 사항 3가지

1) ① 권과방지장치 및 그 밖의 경보장치의 기능
   ② 브레이크·클러치 및 조정장치의 기능
   ③ 와이어로프가 통하고 있는 곳 및 작업 장소의 지반상태

012 | 건설·이동식크레인

작업자 A는 이동식 크레인으로 비계를 로프에 달아 운반하면서, 아래에 있던 수신호자가 통제하는 신호를 제대로 보지 못하여 신호자 위로 낙하물이 떨어지는 재해가 발생하였다.

1) 조치 사항 또는 준수 사항 3가지

1) ① 작업 시작 전 신호자와 신호방법을 정하고 신호에 따라 작업하도록 할 것
   ② 작업 중 운전석 이탈 금지
   ③ 이동식 크레인 하물을 운반하는 경우에는 해지 장치 사용

013 | 건설·이동식크레인

이동식크레인에 배관을 1줄걸이 상태로 불안정하게 운반하고 있으며, 와이어로프가 손상된 모습을 보여주고 있다. 작업자 A는 배관을 손으로 지지하다 배관이 흔들리며 작업자 A가 배관에 맞아 재해가 발생하였다. 훅의 해지장치가 설치되지 않은 것을 보여주고 있다.

1) 위험 요인 4가지

1) ① 훅의 해지장치 미설치
   ② 유도로프 미 사용
   ③ 와이어로프 안전 상태 미점검
   ④ 줄걸이 방법 불량 (2줄 걸이로 할 것)

014 | 건설·이동식크레인

1) 이동식 크레인 방호 장치 명칭 작성

① 크레인에 있어서 정격하중 이상의 하중이 부하 되었을 때 자동적으로 상승이 정지 되는 장치
② 권과를 방지하기 위하여 자동적으로 동력을 차단하고 작동을 제동하는 장치
③ 훅에서 와이어로프가 이탈하는 것을 방지하는 장치

1) ① 과부하 방지장치
   ② 권과 방지 장치
   ③ 훅 해지 장치

015-016 이동식크레인

015 | 건설·이동식크레인

작업자가 중량물을 인양하던 도중, 아래에 있는 작업자에게 중량물을 떨어뜨려 사고가 발생하는 장면을 보여준다.

1) 중량물 인양 작업 시, 안전 수칙 3가지 작성

1) ① 개인 보호구 착용 철저
　② 고정된 물체를 직접 분리·제거하는 작업을 하지 않을 것
　③ 작업반경 내 근로자의 출입을 통제하고, 인양 중인 하물이 작업자의 머리 위로 통과하지 않도록 조치 할 것

016 | 건설·이동식크레인

고전압이 흐르는 고압선 아래에서 이동식 크레인을 사용하여 화물을 인양하던 중, 스파크가 일어나는 장면을 보여준다.

1) 작업 시 안전 수칙 3가지 작성

1) ① 절연용 방호구 설치
　② 울타리 설치 또는 감시인 배치
　③ 이격거리 확보

작업

017 | 건설·호이스트크레인

작업자가 한손으로는 인양물을 잡고 다른 한손으로는 호이스트 컨트롤러를 작동 시키면서
1자형 배관을 인양 하고 있다.
인양물의 가운데에 슬링벨트가 2줄걸이로 감겨있고, 유도로프는 보이지 않는다.
인양물이 조금씩 흔들리고, 작업자는 인양물을 보면서 이동 하다가 혼자 자재에 걸려 넘어진다.

1) 위험 요인 2가지 작성 (단, 유도자, 작업현장 정리정돈, 안전교육 사항은 제외)

1) ① 유도로프 미 사용
   ② 낙하물 위험 구간에서 작업

018 | 건설·마그네틱 크레인

금형을 마그네틱 크레인으로 옮기려 하는 작업자 A는 안전모를 착용하지 않은 상태, 목장갑 착용한 상태로 작업하고 있다. 금형을 크레인에 연결한 후, 작업자는 오른손으로 금형을 잡고 왼손으로는 전기배선의 피복이 벗겨진 조정장치를 누르면서 이동하다가 갑자기 쓰러지면서 오른손이 마그네틱 On/Off 레버를 건드려 금형이 발등위로 떨어져 재해가 발생하였다.

1) 위험 요인 4가지

1) ① 안전모 미착용
② 전기배선의 피복 상태 불량
③ 유도로프 미사용
④ 신호수를 배치하지 않음

019 | 건설·겐트리크레인

동영상에서 크레인을 보여주고 있다.

① 아래의 보기를 보고 크레인의 명칭 작성

[보기]
호이스트, 겐트리크레인, 지브크레인, 서스펜스크레인

② 작업장 바닥에 고정된 레일을 따라 주행하는 크레인의 새들 돌출부와 주변 구조물 사이의 안전 공간은 최소 얼마 이상인지 쓰시오.

1) 겐트리크레인
2) 40cm

020-023 항타기항발기

020 | 건설·항타기/항발기

안전모를 착용한 작업자 A는 항타기·항발기를 사용하여 땅을 파서 전주를 옮기고 있다. 항타기에 고정된 전주가 흔들거리기 시작하면서 주변의 활선 전로에 접촉되어 스파크가 일어나는 장면을 보여주고 있다.

1) 발생 이유 4가지
2) 안전 조치사항 4가지

1) ① 울타리 미설치
   ② 감시인 미배치
   ③ 절연방호구 미설치
   ④ 접지점 미관리

2) ① 울타리 설치
   ② 감시인 배치
   ③ 절연방호구 설치
   ④ 접지점 관리

작업

021 | 건설·항타기/항발기

1) 빈 칸 작성
- 항타기·항발기의 권상장치의 드럼축과 권상장치로부터 첫 번째 도르래의 축과의 거리를 권상장치 드럼폭의 (①)배 이상으로 하여야 한다.
- 도르래는 권상장치 드럼의 (②)을 지나야 하며 (③)에 있어야 한다.

1) ① 15
　② 중심
　③ 수직면

022 | 건설·항타기/항발기

화면에서 작업자 A가 항타기·항발기 작업을 하는 모습을 보여주고 있다.

1) 점검사항 5가지

1) ① 본체 연결부의 풀림 또는 손상의 유무
　② 권상장치의 브레이크 및 쐐기장치 기능의 이상 유무
　③ 권상기 설치상태 이상의 유무
　④ 버팀방법 및 고정상태 이상 유무
　⑤ 권상용 와이어로프·드럼 및 도르래의 부착상태의 이상 유무

023 | 건설·항타기/항발기

1) 항타기·항발기를 이용해, 땅을 파고, 전주를 세운 후, 충전전로 에서의 전기작업에 관한 조치사항이며 빈칸 작성

　근로자에게 충전전로에서의 작업에 적절한 (①)를 착용시켜야 하며, 충전전로에서의 전압에 적합한 (②)를 설치하여야 한다.

　충전전로 인근에서 작업이 있는 경우 차량등을 충전전로의 충전부로부터 (③) 이상 이격시켜 유지시키되, 대지전압이 50kV를 넘는 경우 이격시켜 유지하여야 하는 거리는 10kV 증가할 때마다 (④)씩 증가시켜야 한다.

1) ① 절연용 보호구
　② 절연용 방호구
　③ 300cm
　④ 10cm

024 | 건설·항타기/항발기

1) 연약한 지반에 설치하는 경우 (가) 받침 등 지지구조물의 침하를 방지하기 위하여, 깔판,받침목 등을 사용 할 것

2) 궤도 또는 차로 이동 하는 항타기 또는 항발기에 대해서는 불시에 이동 하는 것을 방지하기 위하여 레일클램프 및 (나) 등으로 고정 시킬 것

1) 가) 아웃트리거
2) 나) 쐐기

작업

025 | 건설·백호우

백호우에 화물을 매달아서 올리는 중 작업자 2명이 보인다.
2줄걸이 상태로 하물을 인양 하고있고, 작업자A가 한손은 화물을 잡고 수신호를 하고 있음.
(신호수미배치) 해당 수신호를 백호우 운전수가 보지 못하였고, 작업자B는 화물이 기울어지며 넘어지는 장면을 보여준다.

1) 위험 요인 4가지 작성

1) ① 인양물과 근로자가 접촉할 우려가 있는 장소에 근로자의 출입 금지 시킬 것
   ② 달기구 해지장치 미사용
   ③ 굴착기 퀵커플러 또는 작업 장치에 달기구가 부착되어 있는 등 인양 작업이 가능하도록 제작된 기계가 아님
   ④ 굴착기 제조사에서 정한 작업설명서에 따라 인양 하지 않음
      (영상에서 명확하게 해당 장비가 사용 할 수 있는지 설명 안했기 때문)

026-029 터널굴착공사

026 | 건설·터널굴착공사

터널 굴착공사 장면을 보여주고 있다.

1) 터널 굴착공사 계측 방법의 종류 4가지

1) ① 내공변위 측정
   ② 지중변위 측정
   ③ 천단침하 측정
   ④ 록볼트 축력 측정

027 | 건설·터널굴착공사

터널 굴착공사 작업하는 곳에서 터널 지보공을 보여주고 있다.

1) 터널 지보공 점검 사항 4가지

1) ① 부재의 손상·변형·부식·변위 및 탈락의 유무
   ② 부재의 긴압의 정도
   ③ 부재의 접속부 및 교차부의 상태
   ④ 기둥침하의 유무와 상태

작업

028 | 건설·터널굴착공사

터널 굴착 중 컨베이어를 통해 굴착토를 운반하며 돌가루로 인해 분진이 발생한다. 덮개가 없는 컨베이어로 모래와 돌가루를 밖으로 보내고 있다. 굴착용 장비에는 작업자 2명이 있고, 주변에는 방진마스크를 착용하지 않은 작업자 5명이 서 있다. 굴착용 장비에서는 지속적으로 분진이 발생하고 있다.

근로자에게 발생할 수 있는 위험 요인 2가지

1) ① 방진마스크 미착용
   ② 환기설비 미설치

029 | 건설·터널굴착공사

작업자 A가 광산에서 다이너마이트를 설치하는 작업을 수행하고 있다. 작업 중에 낙석으로 인해 작업자 A에게 위험에 노출되어 있는 장면을 보여주고 있다.

1) 낙반 등에 의한 위험 방지 대책 3가지

1) ① 터널 지보공 설치
   ② 부석의 제거
   ③ 록볼트의 설치

030 | 건설·장약발파공사

작업자 A는 강봉(철근)을 이용하여 장전구 안에 화약을 4개 정도 밀어 넣고, 접속한 전선을 꼬아서 주변 선 위에 올려놓고 있는 장면을 보여주고 있다.

1) 위험 요인
2) 안전 대책

1) ① 강봉(철근)으로 화약류 장전 시 충격·정전기·마찰 등에 의한 폭발의 위험
2) ① 규정된 장전봉으로 장전을 실시 할 것

작업

031 | 건설·지게차

작업자 A는 지게차를 운전하여 자재를 싣고, 작업 장소로 이동하고 있다. 실려있는 화물을 불안정하게 적재하여 밧줄로 묶지 않은 상태를 보여주고 있다. 작업자 A는 잘 보이지 않는 상태로 지게차를 운전하여 작업 장소로 이동하고 있는데, 화물이 갑자기 쓰러지면서 그 곳에 있던 작업자 B와 충돌하는 재해가 발생하였다

1) 위험 요인 3가지
2) 안전 조치 사항 3가지

1) ① 화물을 불안정하게 적재하여 화물의 낙하 위험
   ② 화물을 높이 적재하여 시야 미확보로 위험
   ③ 지게차 유도자 미배치로 인해 위험

2) ① 화물을 불안정하게 적재하여 화물의 낙하 우려가 있는 경우에는 밧줄 또는 로프로 묶어 안전 조치 할 것
   ② 운전자는 지게차에서 하차하여 다른 작업자의 이동이 있는지 안전 확보한 후 이동할 것
   ③ 화물을 높이 적재하여 운전자의 시야가 확보되지 않을 경우에는 유도자를 배치하여 지게차를 유도할 것

032-033 지게차

작업자 A가 지게차 화물을 적재하는 모습을 보여주고 있다.

032 | 건설·지게차

1) 지게차 작업 시작 전 점검 사항 4가지

1) ① 제동장치 및 조종장치 기능의 이상 유무
② 하역장치 및 유압장치 기능의 이상 유무
③ 바퀴의 이상 유무
④ 전조등·후미등·방향지시기 및 경보장치 기능의 이상 유무

033 | 건설·지게차

1) 지게차 안정도 빈칸 작성

지게차의 안정도 종류	안정도
하역작업 시 전후 안정도	①
하역작업 시 전후 안정도(5ton 이상)	②
하역작업 시 좌우 안정도	③
주행 시 전후 안정도	④
주행 시 좌우 안정도(5km로 주행)	⑤

1) ① 4% 이내
② 3.5% 이내
③ 6% 이내
④ 18% 이내
⑤ 15+1.1V(최고속도) = 20.5% 이내

작업

**034-035
지게차**

034 | 건설·지게차

작업자가 해당 장비를 이용하여, 작업을 진행 하고 있다.

1) 기계 이름 작성
2) 방호장치 5가지 작성

1) ① 지게차

2) ① 헤드가드
   ② 백레스트
   ③ 전조등
   ④ 후미등
   ⑤ 안전벨트

035 | 건설·지게차

작업자 A가 지게차 작업을 하고 있다.

1) 화면에서 보여주고 있는 작업의 작업계획서 포함하여야 할 내용 2가지

1) ① 해당 작업에 따른 추락·낙하·전도·협착 및 붕괴 등의 위험예방대책
   ② 차량계 하역운반기계 등의 운행 경로 및 작업 방법

036 | 건설·지게차

작업자 A가 지게차 작업을 하고 있다.

1) 지게차 마스트를 뒤로 기울일 경우 마스트 후방으로 하물이 떨어지는 것을 막아주는 짐받이 틀의 명칭을 작성 하시오.

2) 지게차 헤드가드가 갖춰야 할 조건 3가지를 작성 하시오.

1) 백레스트

2) ① 상부틀의 각 개구의 폭 또는 길이는 16cm 미만으로 할 것
   ② 강도는 지게차 최대 하중의 2배(4톤이 넘으면 4톤으로 한다.)에 해당하는 등분포정 하중에 견딜 것
   ③ 운전자가 앉아서 조작하거나 서서 조작하는 지게차의 헤드가드는 한국산업표준에서 정하는 높이 기준의 이상일 것 (좌식 : 0.903m, 입식 : 1.88m)

작업

037 | 건설·지게차

사업주는 사업장에서 지게차를 이용하여 하역 및 운반작업을 할 때에는 보유하고 있는 지게차별로 미리 작업에 관련되는 작업계획서를 작성하고 그 작업계획에 따라 작업을 실시하여야 한다.

1) 작업계획서 작성 시기 4가지

1) ① 지게차 운전자가 변경되었을 경우
   ② 작업장소 또는 화물의 상태가 변경 되었을 경우
   ③ 작업장내 구조, 설비 및 작업 방법이 변경 되었을 경우
   ④ 일상 작업은 최초 작업 개시 전에 작성

038 | 건설·지게차

작업자2명이 지게차 포크 위에서 전구 교체 작업을 하고 있다. 지게차 운전자가 지게차를 움직였고, 전구를 교체하던 작업자2명이 바닥에 떨어지는 사고가 발생한다.

① 불 안전한 행동 4가지 작성

1) ① 지게차 포크 위에서 작업함
   ② 작업자가 포크에 올라 탄 채 지게차 운전자가 지게차를 움직임
   ③ 개인보호구(절연장갑) 미착용
   ④ 전구 교체 전 전원 미차단

039 | 건설·지게차

작업자 A와 지게차에 시동을 끄지 않은 채로 주유를 하면서 작업자 B와 흡연을 하고 있는 장면을 보여준다.

1) 위험 요인 2가지
2) 근본적인 위험 요인
3) 재해발생 형태 2가지

1) ① 인화성 물질 근처에서 흡연하고 있음
　　② 운전석을 이탈하였음에도 시동키를 운전대에서 분리시키지 않음

2) ① 인화성 물질이 있는 장소에서 흡연하고 있어 화재 및 폭발의 위험이 있다.

3) ① 화재
　　② 폭발

작업

040 | 건설·작업발판

작업자 A는 작업발판을 설치하고 있다.

1) 작업발판 폭
2) 발판 재료 간 틈새의 간격
3) 작업발판 설치 기준 5가지

1) ① 40cm 이상
2) ① 3cm 이하
3) ① 추락의 위험이 있는 장소의 경우, 안전난간을 설치할 것
   ② 작업발판재료는 뒤집히거나 떨어지지 아니하도록 둘 이상의 지지물에 연결하거나 고정시킬 것
   ③ 작업발판의 지지물은 하중에 의하여 파괴될 우려가 없는 것을 사용할 것
   ④ 작업에 따라 이동시킬 경우 위험방지 조치를 할 것
   ⑤ 발판재료는 작업 시 하중을 견딜 수 있도록 견고한 것으로 설치할 것

041-043 작업발판

041 | 건설·작업발판

작업자 A는 작업발판을 설치 도중, 발을 헛디뎌 추락하였다.

1) 추락 원인 3가지

1) ① 안전난간 미설치
   ② 안전대 미착용
   ③ 추락방호망 미설치

042 | 건설·작업발판

작업자 A는 작업발판을 설치하고 있으며, 작업자 A가 이동하는 도중, 발판 끝쪽 부분에 걸려 바닥으로 떨어져 재해가 발생하였다.

1) 재해 명칭   2) 기인물

1) ① 떨어짐
2) ① 발판

043 | 건설·작업발판

작업자 A가 철골 위에서 발판을 설치하는 중이다. 작업자 A가 발판을 밟고 지나가다 발판 끝 부분에 걸려 땅으로 떨어져 재해가 발생하였다.

1) 재해 발생형태   2) 기인물

1) ① 떨어짐   2) ① 작업발판(발판)

작업

044 | 건설·아파트

작업자 A는 아파트 창틀에서 코킹작업을 하던 중 바닥으로 떨어지는 추락사고가 발생하였다.

1) 추락 원인 4가지
2) 가해물

1) ① 안전난간 미설치
   ② 안전대 미착용
   ③ 추락방호망 미설치
   ④ 안전대 부착설비 미설치

2) ① 가해물 : 바닥

045 | 건설·승강기

승강기 피트 안 불안하게 설치 된 작업발판이 보이며, 안전모를 착용한 작업자가 망치를 들고 작업중이다. 승강기 피트 입구에는 안전난간이 있지만, 피트 내 작업반경 구역에는 안전난간이 보이지 않는다. 작업자가 이동 중, 추락하는 모습이 보이고, 바닥에는 아무런 방호장치가 설치되어 있지 않다.

1) 작업에서의 불안전요소 5가지 작성

1) ① 작업발판 설치 불량
   ② 안전 난간 미설치
   ③ 안전대 미착용
   ④ 안전대 부착 설비에 안전대 미체결
   ⑤ 추락방호망 미설치

작업

046 | 건설·승강기

작업자 A는 승강기 피트 내부 점검하려고 덮개를 열자, 수분이 많이 먹은 나무판자를 밟고 작업을 하려다 추락하는 재해가 발생하였다.

1) 발생 이유 4가지
2) 안전 조치 사항 4가지

1) ① 작업발판 상태 불량
   ② 안전대 미착용
   ③ 추락방호망 미설치
   ④ 안전 난간 미설치

2) ① 작업발판 상태 점검
   ② 안전대 착용
   ③ 추락방호망 설치
   ④ 안전 난간 설치

047-048
리프트

047 | 건설·리프트

작업자 A가 리프트를 타고 위로 이동하고 있는 장면을 보여준다.

1) 리프트 작업 시작 전 점검 사항 2가지

1) ① 와이어로프가 통하고 있는 곳의 상태
   ② 방호장치·브레이크 및 클러치의 기능

048 | 건설·리프트

건설용 리프트 방호장치를 보여주고 있다.

1) 건설용 리프트 방호장치 9가지

1) ① 권과방지장치   ② 과부하방지장치
   ③ 비상정지장치   ④ 완충스프링
   ⑤ 안전고리   ⑥ 방호울 출입문 연동장치
   ⑦ 3상 전원 차단장치   ⑧ 출입문 연동장치
   ⑨ 낙하방지장치(조속기)

작업

049 | 건설·리프트

건설용 리프트 방호장치를 보여주고 있다.

1) 건설용 리프트 방호장치명

장치명	방호장치	장치명	방호장치
①		④	
②		⑤	
③-1		⑥	
③-2		⑦	

1) ① 완충스프링 ④ 출입문 연동장치
   ② 비상정지장치 ⑤ 방호울 출입문 연동 장치
   ③-1 : 기계식 과부하 방지장치 ⑥ 3상 전원 차단 장치
   ③-2 : 전자식 과부하 방지장치 ⑦ 낙하방지장치(조속기)

050 | 건설·흙막이지보공

1) 근로자를 어떠한 위험으로부터 보호하기 위함인지 작성
2) 흙막이 지보공을 설치 할 때 점검 사항 4가지

1) 지반의 붕괴 방지

2) ① 부재의 손상·변형·부식·변위 및 탈락의 유무와 상태
　② 부재의 접속부·부착부 및 교차부의 상태
　③ 버팀대의 긴압정도
　④ 침하의 정도

051 | 건설·해체작업

작업자 A는 거푸집 동바리의 해체 작업진행 중에 지나가던 작업자 B가 거푸집의 잔해가 떨어져 맞는 재해가 발생하는 장면을 보여주고 있다.

1) 거푸집 동바리의 해체 작업 시 준수 사항 4가지

1) ① 재료·기구 또는 공구 등을 올리거나 내리는 경우에는 근로자로 하여금 달줄·달포대 등을 사용할 것
   ② 해당 작업을 하는 구역에는 관계 근로자가 아닌 사람의 출입 금지할 것
   ③ 비·눈 그 밖의 기상상태의 불안정으로 인하여 날씨가 몹시 나쁠 때에는 그 작업을 중지할 것
   ④ (낙하·충격에 의한 돌발적 재해를 방지하기 위하여) 버팀목을 설치하고 거푸집 동바리 등을 인양장비에 매단 후에 작업할 것

052-055 압쇄기

052 | 건설·해체작업(압쇄기)

작업자 A는 압쇄기를 이용하여 건물을 해체하는 장면을 보여주고 있다.

1) 건물 등의 해체작업 계획서 작성 시 포함사항

1) ① 해체물의 처분 계획
② 해체방법 및 해체순서 도면
③ 해체작업용 기계·기구 등의 작업계획서
④ 사업장 내 연락 방법

053 | 건설·해체작업(압쇄기)

작업자 A는 압쇄기를 이용하여 건물을 해체하고 있는데, 작업자 B가 작업 주변에 머물러서 수신호를 하고 있다.

1) 해체장비로부터 작업자의 이격 거리

1) ① 4m 이상

작업

054 | 건설·해체작업(압쇄기)

작업자 A는 장비를 이용하여 건물을 해체 하는 장면을 보여주고 있다.

1) 해체 장비의 명칭
2) 준수사항 5가지

1) ① 압쇄기

2) ① 압쇄기 연결구조부는 보수 점검을 수시로 할 것
   ② 압쇄기의 부착과 해체에는 경험이 많은 사람으로서 선임된 자에 한하여 실시 할 것
   ③ 배관 접속부의 핀, 볼트 등 연결 구조의 안전 여부를 점검 할 것
   ④ 압쇄기의 중량 등을 고려, 차체에 무리를 초래하는 중량의 압쇄기 부착을 금지할 것
   ⑤ 절단 날은 마모가 심하므로, 적절한 시기에 교환할 것

055 | 건설·해체작업(압쇄기)

작업자가 해체 장비를 사용하여 건물을 붕괴시키고 있는 장면을 보여준다.

1) 해체물의 높이가 9m일 때, 해체장비와 해체물 사이의 안전거리는 몇m인지 작성

1) ① 안전거리공식
   = 0.5 x 해체물 높이 = 0.5 x 9 = 4.5m이상

056-058
고소작업대

056 | 건설·고소작업대

작업자 A는 고소작업대를 이동시켜서 산소절단기로 철근을 절단하고 있다.

1) 고소작업대 이동 시 준수 사항 3가지
2) 고소작업대 안전 작업 준수 사항 3가지

1) ① 작업대를 상승시킨 상태에서 작업자를 태우고 이동하지 말 것
   ② 작업대를 가장 낮게 내릴 것
   ③ 이동통로의 요철상태 또는 장애물의 유무 등 확인할 것

2) ① 안전모 착용
   ② 작업대는 정격하중 초과하여 물건을 싣거나 탑승금지
   ③ 안전 작업을 위해 적정수준 조도를 유지할 것

작업

057 | 건설·고소작업대

고소작업대에 작업자 A를 태우고 다리 밑으로 이동한 후, 고소작업대를 상승시켜 용접 작업을 하고 있다. 작업자 A는 안전모를 착용하였지만, 다른 보호구들은 착용하지 않은 상태이다.

1) 근로자의 준수 사항 3가지

1) ① 작업자를 태우고, 고소작업대 이동하지 말 것
   ② 작업대는 정격하중을 초과하여 물건을 싣거나 탑승하지 말 것
   ③ 안전모·안전대 등의 보호구 착용

058 | 건설·고소작업대

1) 작업대 정격하중 안전율 (가) 이상 표시 할 것
2) 작업대에 끼임·충돌 등 재해를 예방하기 위한 가드 또는 (나)를 설치 할 것

1) 가) 5
2) 나) 과상승방지장치

참고 ▶ 아래 사진은 "과상승방지장치"입니다. 참고하세요.

059 | 건설·하역운반기계

덤프트럭에서 하차하여 적재함을 올려 실린더 유압장치 밸브를 수리하다 작업자 A는 장갑이 끼이는 사고가 발생하였다.

1) 차량계 하역운반기계 등의 수리 또는 부속장치의 장착 및 해체 작업을 할 때 작업 시작 전 조치사항 4가지
2) 방호장치

1) ① 작업계획서를 작성하고 계획대로 진행한다.
   ② 하역장치 및 유압장치 기능의 이상 유무를 확인한다.
   ③ 안전지지대 또는 안전블록 등을 이용해 받쳐준다.
   ④ 작업순서를 결정하고 작업지휘자를 지정하여 작업한다.
2) ① 안전지지대
   ② 안전블록

작업

060 | 건설·철골

철골 공사 작업 현장을 보여주고 있다.

1) 철골공사 작업중지 기준 3가지 작성

1) ① 풍속 : 10m/s 이상인 경우
   ② 강우량 : 1mm/hr 이상인 경우
   ③ 강설량 : 1cm/hr 이상인 경우

061 | 건설·콘크리트

작업자 A와 B는 콘크리트 타설작업을 하고 있는 장면을 보여주고 있다.

1) 콘크리트 타설작업 시 준수 사항 4가지

1) ① 콘크리트 타설작업 시 거푸집 붕괴의 위험이 발생할 우려가 있을 때에는 충분한 보강조치를 할 것
② 설계도서 상의 콘크리트 양생 기간을 준수하여 거푸집동바리 등을 해체할 것
③ 콘크리트 타설하는 경우에는 편심이 발생하지 않도록 골고루 분산하여 타설할 것
④ 작업 중에는 거푸집 동바리등의 변형·변위 및 침하·유무 등을 감시할 수 있는 감시자를 배치하여 이상이 있으면 작업을 중지하고 근로자를 대피시킬 것

작업

062-064
추락방호망

062 | 건설·추락방호망

작업자 A는 안전 난간이 없는 곳에서 교량 점검 작업을 하고 있다. 추락방호망은 설치되지 않았다. 작업자 A가 이동하려는 순간 발을 헛디뎌 추락하는 장면을 보여주고 있다.

1) 사고 요인 3가지
2) 높이 2m 이상 장소에서의 작업발판의 폭
3) 안전대책 3가지

1) ① 안전대 미착용   ② 추락방호망 미설치   ③ 안전난간 미설치
2) ① 40cm 이상
3) ① 안전대 착용   ② 추락방호망 설치   ③ 안전난간 설치

063 | 건설·추락방호망

추락방호망 장면을 보여주고 있다.

1) 명칭
2) 설치지점까지 수직거리
3) 추락방호망은 (①)으로 설치하고, 망의 처짐은 짧은 변 길이의 (②)이 되도록 할 것

1) ① 추락방호망
2) ① 10m 이내
3) ① 수평
   ② 12% 이상

064 | 건설·추락방호망

작업자 A는 안전 난간이 없는 곳에서 교량 점검 작업을 하고 있다. 추락방호망은 설치되지 않았다. 작업자 A가 이동하려는 순간 발을 헛디뎌 추락하는 장면을 보여주고 있다.

1) 추락재해 방지시설 3가지
2) 낙하재해 방지시설 3가지

1) ① 추락방호망
　 ② 안전난간
　 ③ 작업발판

2) ① 낙하물방지망
　 ② 수직보호망
　 ③ 방호선반

065 | 건설·낙하물방지망

1) 낙하물 방지망의 설치 높이는 (①) m 이내마다 설치하고, 내민 길이는 벽면으로부터 (②) m 이상으로 할 것
2) 수평면과의 각도는 (①) 유지할 것

1) ① 10m
　 ② 2m
2) ① 20° 이상 30° 이하

작업

066 | 건설·이동식비계

작업자 A가 이동식비계 위에서 작업하고 있다. 주변에는 안전난간이 없으며, 이동식 비계의 바퀴에는 고정이 안되어 흔들거리면서 불안정한 것을 보여주고 있다. 나무판자로 된 작업발판이 움푹 패여진 것을 보여주고 있다.

1) 이동식 비계 작업 시, 준수 사항 4가지 작성

1) ① 승강용사다리는 견고하게 설치할 것
   ② 비계의 최상부에서 작업할 경우 안전난간을 설치할 것
   ③ 작업발판은 항상 수평을 유지하고 작업발판 위에서 안전난간을 딛고 작업을 하거나 받침대 또는 사다리를 사용하여 작업하지 않도록 할 것
   ④ 이동식비계 바퀴에는 갑작스러운 이동 또는 전도를 방지하기 위하여 브레이크·쐐기 등으로 바퀴를 고정시킨 다음 비계의 일부를 견고한 시설물에 고정하거나 아웃트리거를 설치하는 등 필요한 조치를 할 것

067 | 건설·말비계

작업자 A는 말비계를 조립 작업을 하고 있는 장면을 보여주고 있다.

1) 말비계 조립하는 경우 사업주의 준수 사항 작성 3가지

1) ① 지주부재의 하단에는 미끄럼 방지 장치를 하고, 근로자가 양측 끝 부분에 올라서서 작업하지 않도록 할 것
② 지주부재와 수평면의 기울기를 (75°이하)로 하고, 지주부재와 지주부재 사이를 고정시키는 (보조부재)를 설치할 것
③ 말비계의 높이가 (2m) 초과하는 경우에는 작업발판의 폭을 (40cm) 이상으로 할 것

068 | 건설·이동식사다리

 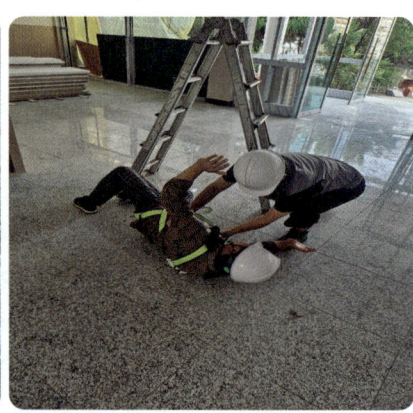

작업자 A는 이동식 사다리를 작업하다 이동식 사다리에서 추락하는 장면을 보여주고 있다.

1) 이동식 사다리 안전 기준 3가지

1) ① 길이가 6m 초과해서 안된다.
② 다리의 벌림은 벽 높이의 ¼정도가 적당하다.
③ 벽면 상부로부터 최소한 60cm 이상의 연장길이가 있어야 한다.

작업

069 | 건설·고정식사다리

고정식 사다리를 보여주고 있다.

1) 고정식 사다리를 설치 하는 경우 준수 사항 3가지 작성

1) ① 견고한 구조로 할 것
   ② 심한손상·부식 등이 없는 재료를 사용 할 것
   ③ 발판의 간격은 일정하게 할 것
   ④ 발판과 벽과의 사이는 15cm이상의 간격을 유지 할 것
   ⑤ 폭은 30cm 이상으로 할 것
   ⑥ 사다리가 넘어지거나 미끄러지는 것을 방지하기 위한 조치를 취할 것
   ⑦ 사다리식 통로의 길이가 10m 이상인 경우에는 5m이내마다 계단참을 설치할 것
   ⑧ 사다리의 상단은 걸쳐놓은 지점으로부터 60cm 이상 올라가도록 할 것

070 | 건설·와이어로프

1) 와이어로프 사용 금지하는 기준 작성 6가지

1) ① 꼬인 것
   ② 이음매가 있는 것
   ③ 심하게 변형되거나 부식된 것
   ④ 열 또는 전기충격에 의해 손상된 것
   ⑤ 지름의 감소가 공칭지름의 7퍼센트를 초과한 것
   ⑥ 와이어로프의 한 꼬임에서 끊어진 소선의 수가 10퍼센트 이상인 것

작업

**071-072
강관비계**

071 | 건설·강관비계

강관비계가 설치 된 공사 현장을 보여주고 있다.

1) 비계기둥의 간격은 띠장 방향에서 (①)m 이하, 장선방향에서는 (②)m 이하로 할것

1) ① 1.85m
   ② 1.5m

072 | 건설·강관비계

강관비계가 설치 된 공사 현장을 보여주고 있다.

1) 규격화·부품화된 수직재, 수평재 및 가새재 등의 부재를 현장에서 조립하여 거푸집으로 지지하는 동바리 형식의 명칭 작성
2) 동바리 최상단과 최하단의 수직재와 받침철물은 서로 밀착되도록 설치하고 수직재와 받침철문의 연결부의 겹침길이는 받침철물 전체길이의 (①) 이상 되도록 할 것

1) ① 시스템 동바리
2) ① ⅓

073 | 건설·파괴해머

안전모, 안전화, 목장갑을 착용한 작업자가 파괴해머를 사용하여 보도블럭 옆 인도에서 작업을 하고 있으며, 주변에는 별도의 , 감시자도 따로 없다. 전원은 리드선을 통해 공급되고 있으며, 전기줄이 파괴해머에 감겨 있는 모습이 보여진다. 마지막 화면에서 작업자의 얼굴에 초점을 맞추는데, 귀마개, 보안경, 방진마스크는 착용하지 않은 모습을 보여준다.

1) 작업자가 파괴해머 작업 시, 착용 해야할 보호구 5가지를 작성
    (단, 화면에 보이는 보호구라도, 작성해도 무방함)

1) ① 안전모
    ② 안전화
    ③ 보안경
    ④ 방진마스크
    ⑤ 귀마개

작업

074 | 건설·전기톱

작업자 A는 작업발판을 한쪽 발로 밟고 나무판자를 소형 전기톱으로 절단하던 중 작업발판이 흔들거리면서 작업자 A는 바닥에 넘어지는 장면을 보여주고 있다.

1) 기인물
2) 가해물
3) 재해발생형태
4) 재해발생형태의 정의

1) ① 작업발판
2) ① 바닥
3) ① 넘어짐
4) ① 미끄러지거나 넘어짐

075 | 건설·박공지붕

한 건설현장에서 박공지붕 작업을 진행하는 장면을 보여준다. 안전장비 설치가 제대로 이루어지지 않아 안전난간이나 추락방호망 설치가 되지 않았다. 작업자 A가 지붕 위에서 안전모, 안전대를 풀고 점심을 먹으려고 샌드위치를 먹고 있는데, 샌드위치 포장지가 날아가자 잡으려고 시도하였으나 발을 헛디뎌 박공지붕에서 추락하는 사고가 발생하였다.

1) 위험 노출 요인 4가지
2) 안전 대책 4가지

1) ① 안전난간 미설치
　② 추락방호망 미설치
　③ 안전대 미착용
　④ 안전모 미착용

2) ① 안전난간 설치
　② 추락방호망 설치
　③ 안전대 착용
　④ 안전모 착용

076 | 건설·콘크리트

1) 콘크리트 양생을 위한 열풍기의 안전수칙 5가지

1) ① 소화기를 비치할 것
② 전원을 연결하기 전 스위치가 꺼진 상태인지 확인할 것
③ 열풍기 외함 접지 및 누전차단기를 설치할 것
④ 주변 불티방지포로 방호조치할 것
⑤ 열풍기 놓는 바닥은 평평해야 하고 주변은 인화성 및 가연성 물질 등이 없을 것

077 | 건설·가설통로

1) 가설통로의 설치작업 기준
① 경사는 (①)° 이하일 것
② 경사가 (②)°를 초과하는 경우 미끄러지지 아니하는 구조로 할 것

1) ① 30°
② 15°

078 | 건설·계단참

건설공사 현장에 설치된 계단을 보여주고 있다.

(1) 사업주는 계단 및 계단참을 설치하는 경우 매제곱미터당 (①)kg 이상의 하중에 견딜 수 있는 강도를 가진 구조로 설치하여야 하며, 안전율 (②) 이상으로 하여야 한다.
(2) 계단을 설치하는 경우 그 폭을 (③)m 이상으로 하여야 한다. (다만, 급유용·보수용·비상용 계단 및 나선형 계단이거나 높이 (④)m미만의 이동식 계단 일 경우에는 그러하지 아니하다
(3) 높이가 (⑤)m를 초과하는 계단에는 높이 3m 이내마다 너비 (⑥)m 이상의 계단참을 설치하여야 한다.

1) ① 500kg
　② 4
2) ③ 1m
　④ 1m
3) ⑤ 3m
　⑥ 1.2m

079 | 건설·안전난간

작업자가 계단을 올라가고 있으며, 안전 난간을 확대하여 보여준다.

1) 다음에 맞는 규격 채우기
   - 상부난간대 : 바닥면·발판 또는 경사로의 표면으로부터 (①) 이상
   - 발끝막이판 : 바닥면 등으로부터 (②) 이상
   - 난간대: 지름 (③) 이상 금속제 파이프

1) ① 90cm 이상
   ② 10cm 이상
   ③ 2.7cm 이상

080 | 건설·철길철로

작업자 A와 B는 철길(로)에서 점검 작업을 하고 있다. 서로 잡담을 나누던 중 기차가 접근하는 것을 인지하지 못하여 사고가 발생하였다.

1) 안전대책 4가지

1) ① 사전 교육 실시
   ② 작업장 주변 정리 정돈
   ③ 감시인 배치
   ④ 작업 중 잡담 금지

081-084
프레스

081 | 기계기구·프레스

작업자 A는 크랭크 프레스로 철판에 구멍을 뚫는 작업을 하고 있다.

1) 급정지 기구를 부착해야 하는 프레스의 방호장치 2가지
2) 급정지 기구를 부착하지 않는 프레스의 방호장치 4가지
3) 작업 시작 전 점검 사항 4가지

1) ① 양수조작식 방호장치
   ② 감응식 방호장치
2) ① 양수기동식 방호장치
   ② 손쳐내기식방호장치
   ③ 수인식 방호장치
   ④ 게이트가드식 방호장치
3) ① 클러치 및 브레이크의 기능
   ② 프레스의 금형 및 고정 볼트 상태
   ③ 방호 장치의 기능
   ④ 전단기의 칼날 및 테이블의 상태

작업

082 | 기계기구·프레스

작업자 A가 프레스 작업을 하고 있다. 작업하던 도중 이물질이 프레스 금형에 생겨 제거하려고 한다. 그 순간, 작업자 A는 페달을 실수로 밟아서 손을 다치는 장면을 보여주고 있다.

1) 조치사항 3가지
2) 위험요인 3가지
3) 페달 방호장치
4) 위험 예지포인트 4가지

1) ① 전원 차단 후 이물질 제거
   ② 이물질은 수공구 사용하여 제거
   ③ 프레스 일시 정지 시 U자형 덮개 씌울 것
2) ① 전원 차단하지 않고 이물질 제거
   ② 수공구를 사용하지 않고 제거
   ③ 프레스 일시 정지 시 U자형 덮개 씌우지 않음
3) ① U자형 덮개
4) ① 주변 정리정돈 불량으로 작업장 주변 기계에 부딪칠 수 있다.
   ② 보안경 미착용으로 이물질이 눈에 들어가 다칠 수 있다.
   ③ 금형에 붙어있는 이물질을 손으로 제거하려다 손을 다친다.
   ④ 작업자 실수로 페달을 밟아 손을 다칠 수 있다.

083 | 기계기구·프레스

1) 프레스 금형 설치 또는 교체할 때 점검 사항 작성 5가지

1) ① 다이와 볼스터의 평행도
   ② 다이홀더와 펀치의 직각도
   ③ 펀치와 다이의 평행도
   ④ 펀치와 볼스터의 평행도
   ⑤ 생크홀과 펀치의 직각도

084 | 기계기구·프레스

작업자 A는 프레스 작업을 진행 하고 있다.

1) 금형 프레스기에 발로 작동하는 조작 장치에 설치하여야 하는 방호장치
2) 프레스의 상사점에 있어, 상형과 하형과의 간격, 가이드 포스트와 부쉬의 간격 틈새는 얼마 이하 이어야 하는가?

1) U자형 페달 덮개
2) 8mm 이하

085 | 기계기구·프레스

"A-1" 장치를 보여주고 있다.

1) 방호장치명
2) 방호장치 기능

1) ① 광전자식 방호장치
2) ① 투광부, 수광부, 컨트롤 부분으로 구성된 것으로서 신체의 일부가 광선을 차단하면서 기계를 급정지 시키는 방호장치

참고

종류	분류
광전자식	A-1
	A-2
양수조작식	B-1(유/공압밸브식)
	B-2(전기버튼식)
가드식	C
손쳐내기식	D
수인식	E

086 | 기계기구·카렌더기

작업자가 프레스 금형교체 작업을 하던 중 금형이 발에 떨어지는 사고가 발생하였다.

1) 가해물 작성

2) 조정/해체 조립과정에서 신체가 위험 구역내에 있을 때 슬라이드가 내려가서 생기는 위험을 방지하기 위한 안전장치 명칭 작성

1) 금형
2) 안전블록

087 | 기계기구·카렌더기

보호구를 착용하지 않은 작업자가 전원이 켜져 있는 카렌더기를 청소하던 도중 감전 사고를 당하는 장면을 보여준다.

1) 재해원인 2가지 작성

1) ① 절연 보호구 미착용
   ② 정전작업 미실시

088 | 기계기구·에어건

캡모자를 착용한 작업자가 먼지가 많은 작업대 주변을 에어건으로 청소하다가 눈을 감싸 아파하는 모습을 보여준다.

1) 작업 시, 필요한 보호구 3가지 작성

1) ① 안전모
   ② 안전화
   ③ 보안경
   ④ 방진마스크

089 | 기계기구·무채 슬라이스

김치제조 공장에서 작업자가 무채를 썰어내는 슬라이스 기계를 사용하다가 기계가 갑자기 멈추자, 작업자가 기계를 점검하던 중, 슬라이스 기계가 갑자기 작동하여 작업자의 손가락이 절단되는 사고가 발생함

1) 위험점 명칭 작성
2) 위험점 정의 작성

1) ① 절단점
2) ① 회전하는 운동부 자체 및 운동하는 기계 부분 자체의 위험점

090-091
연삭기

090 | 기계기구·연삭기

작업자 A는 아무런 보호장비를 착용하지 않은 채, 탁상용 연삭기로 작업을 하고 있다. 작업하던 도중에 칩이 눈에 튀어서 비산물이 눈에 맞는 사고가 발생하였다.

1) 기인물
2) 방호장치명
3) 각도
4) 위험요인 3가지

1) ① 탁상용 연삭기
2) ① 칩 비산방지판
3) ① 15° ~ 30°
4) ① 연삭기 덮개 미설치
   ② 워크레스트 미설치
   ③ 보안경 미착용

091 | 기계기구·연삭기

작업자가 연마작업을 하고 있다.

1) 착용해야 하는 보호구 4가지

1) ① 보안경
  ② 방진마스크
  ③ 귀마개
  ④ 안전모
  ⑤ 안전화

작업

092 | 기계기구·연삭기

작업자 A는 휴대용 연삭기로 작업하고 있는 장면을 보여주고 있다.

1) 방호장치명
2) 방호장치 각도

1) ① 덮개
2) ① 덮개 설치각도의 경우 : 180° 이상
   ② 숫돌 노출각도의 경우 : 180° 이내

093 | 기계기구·연삭기

작업자 A는 장갑 착용하지 않고, 방진마스크는 착용하지 않은채 휴대용 연삭기로 작업하고 있는 장면을 보여주고 있다. 바닥에는 물이 고여 있으며, 이동전선은 바닥에 방치되어 있는 상태이다.

1) 위험요인 2가지
2) 안전대책 2가지

1) ① 절연용 보호구 미착용
  ② 누전차단기 미설치
2) ① 절연용 보호구 착용
  ② 누전차단기 설치

작업

094 | 기계기구·석재연삭기

바닥에 물이 고여 있는 게 보이고, 글라인더 케이블이 물에 담겨져 있다.
석공 글라인더를 들고 측면으로 대리석을 갈고 있으며 작업자의 손이 확대 되어 면장갑이 보이고,
방진마스크도 착용하고 있지 않다. 2인1조로 작업을 하고 있으며, 한명은 대리석을 연삭 중이고,
다른 한명은 옆에서 대리석을 잡고 보조 해주고 있다.

1) 작업자의 불안전한 행동 및 상태 3가지 작성

1) ① 절연 장갑(절연용 보호구) 미착용
   ② 보안경 미착용(비산 날림)
   ③ 방진마스크 미착용

095-096
중량물

095 | 기계기구·중량물취급

1) 중량물 취급작업 시 고려하여야 할 사항에 대한 빈칸 작성

① 사업주는 근로자가 취급하는 물품의 (①), (②), (③), (④) 등 인체에 부담을 주는 작업의 조건에 따라 작업시간과 휴식시간 등을 적정하게 배분하여야 한다.

1) ① 중량
   ② 취급빈도
   ③ 운반속도
   ④ 운반거리

096 | 기계기구·중량물취급

1) 작업계획서의 제출할 내용 4가지

1) ① 추락위험을 예방할 수 있는 안전대책
   ② 낙하위험을 예방할 수 있는 안전대책
   ③ 전도위험을 예방할 수 있는 안전대책
   ④ 협착위험을 예방할 수 있는 안전대책
   ⑤ 붕괴위험을 예방할 수 있는 안전대책

작업

097 | 기계기구·버스샤프트

작업자 A는 버스 정비를 위해 샤프트 계통 점검 중에, 작업자 A의 팔이 회전하는 샤프트에 말려 들어가 재해가 발생하였다.

1) 위험점
2) 재해원인 3가지
3) 사전 안전 조치사항 3가지

1) ① 회전말림점

2) ① "정비 중" 작업 표지판을 설치하지 않음
　② 작업지휘자를 배치하지 않음
　③ 기동장치에 잠금장치 하지 않고 열쇠를 별도 관리하지 않음
　④ 안전블록 또는 안전지지대를 설치하지 않음

3) ① "정비 중" 작업 표지판 설치할 것
　② 작업지휘자를 배치할 것
　③ 기동장치에 잠금장치 한 후, 열쇠를 별도 관리할 것
　④ 안전블록 또는 안전지지대를 설치할 것

098 | 기계기구·브레이크라이닝

작업자 A는 면마스크만 착용한 채, 아무런 보호구 없이 브레이크 라이닝 세척 작업을 하고 있다.

1) 작업 시 착용하여야 할 보호구 5가지

1) ① 불침투성 보호장갑
　② 불침투성 보호복
　③ 불침투성 보호장화
　④ 보안경
　⑤ 방독마스크

099 | 기계기구·브레이크라이닝

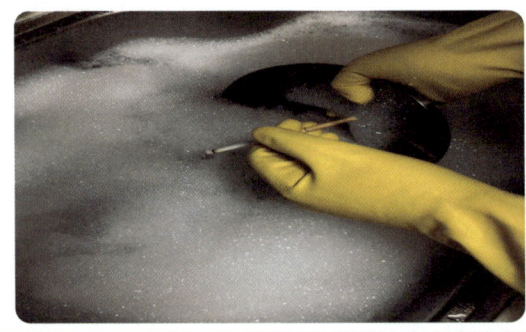

작업자 A는 고무장갑과 운동화를 착용한 상태로 흡연을 하면서, 자동차 라이닝 세척 작업 중이다.

1) 재해유형 2가지
2) 위험예지훈련 2가지

1) ① 폭발
　② 화재
2) ① 작업 중 흡연 금지
　② 세척 작업 전 불투침성 보호장갑 · 불침투성 보호장화 착용

작업

100-101
브레이크 라이닝

100 | 기계기구·브레이크라이닝

작업자 A는 장갑을 착용한 채 브레이크 라이닝 연마 작업을 하고 있다. 작업 중, 장갑이 말려 들어가는 재해가 발생하였다.

1) 위험요인 2가지
2) 안전대책 2가지

1) ① 작업 시 장갑을 착용하고 있음
   ② 비상정지장치 등 방호장치 미설치
2) ① 작업 시 장갑을 착용하지 않는다.
   ② 비상정지장치 등 방호장치 설치

101 | 기계기구·브레이크라이닝

작업자 A는 브레이크 라이닝 패드를 제작 작업을 하고 있다. 작업하는 주변에는 석면이 흩날리고 있는데도, 어떤 보호구도 착용하지 않고 있다.

1) 착용하여야 하는 보호구 4가지
2) 안전수칙 5가지

1) ① (특급)방진마스크 착용
   ② 불침투성 보호장갑
   ③ 불침투성 보호장화
   ④ 불침투성 보호복

2) ① 국소배기장치 설치
   ② 다른작업장소와 격리
   ③ 석면을 사용하는 설비는 밀폐된 장소에 설치할 것
   ④ 석면가루가 흩날리지 않도록 습기 유지할 것
   ⑤ (특급)방진마스크를 착용할 것

102-103
드릴

102 | 기계기구·드릴

작업자 A는 장갑을 착용한 채 드릴 작업을 하고 있다. 드릴은 고정하지 않아 흔들거리고 있다. 보안경과 방진마스크를 착용하지 않았으며, 손으로 가공물을 잡는 순간 장갑이 끼이는 사고가 발생하였다.

1) 위험요인 2가지
2) 안전대책 2가지

1) ① 가공물을 손으로 잡고 있음.
   ② 보안경과 방진마스크 미착용으로 눈을 다칠 위험이 있고, 방진마스크 미착용으로 인한 호흡기 질환 우려가 있음
   ③ 드릴은 바닥에 견고하게 고정하지 않음
2) ① 가공물을 바이스로 고정할 것
   ② 보안경, 방진마스크 착용할 것
   ③ 드릴을 바닥에 견고하게 고정할 것

103 | 기계기구·드릴

작업자 A는 안전모, 보안경, 장갑을 착용하지 않은 채 방호장치가 없는 드릴을 이용하여 구멍 뚫는 작업을 하고 있다. 이어서, 작업자 A가 손으로는 가공물을 잡고 있는 장면을 보여주고 있다.

1) 위험요인 5가지

1) ① 드릴 고정하지 않음
   ② 방호 덮개 미설치
   ③ 가공물을 맨손으로 잡고 있음
   ④ 안전모 미착용
   ⑤ 보안경 미착용

작업

104-105
롤러기

104 | 기계기구·롤러기

작업자 A는 전원을 차단하지 않은 채 회전하는 롤러기를 청소하던 중, 손이 말려 들어가는 장면을 보여주고 있다.

1) 위험점
2) 위험점 정의
3) 위험요인 3가지
4) 안전대책 3가지

1) ① 물림점

2) ① 회전하는 두 개의 회전체에 물려 들어가는 위험점

3) ① 전원 차단하지 않은 상태에서 청소하고 있음
　　② 롤러기 인터록 미설치
　　③ 롤러의 물림점 가드 미설치

4) ① 전원 차단한 후 청소 실시
　　② 롤러기 인터록 설치
　　③ 롤러의 물림점 가드 설치

105 | 기계기구·롤러기

1) 롤러기 방호장치명
2) 롤러기 방호장치 종류 별 설치위치

1) ① 급정지장치

2)

종류	위치
손조작식	밑면에서 1.8m 이내
복부조작식	밑면에서 0.8m 이상 1.1m 이내
무릎조작식	밑면에서 0.4m 이상 0.6m 이내

106 | 기계기구·롤러기

작업자 A는 보호구를 착용하지 않은 상태로 롤러기를 청소하던 도중 감전사고를 당하였다.

1) 재해원인 2가지

1) ① 절연 보호구 미착용
   ② 정전작업 미실시

107 | 기계기구·양수기

작업자 A와 B는 전원이 켜진 채 양수기를 수리하고 있으며, 서로 잡담을 하면서 수공구는 던져주는 장면을 보여주고 있다.

1) 위험요인 3가지

1) ① 전원을 차단하지 않은 채 작업하여 다칠 위험이 있음
   ② 수공구를 던져주다가 양수기에 말려 들어갈 위험이 있음
   ③ 작업자들이 작업에 집중하지 않아 다칠 위험이 있음

작업

108-109
컨베이어

108 | 기계기구·컨베이어

작업자 A는 전원을 차단하지 않은 컨베이어 벨트 쪽에서 작업발판 없이 형광등을 교체하다 추락하는 장면을 보여주고 있다.

1) 작업자의 불안전한 행동 2가지

1) ① 작업발판 사용하지 않고, 컨베이어 벨트 부분 위에 올라서서 형광등을 교체함
  ② 컨베이어 벨트 전원을 차단하지 않음

109 | 기계기구·컨베이어

작업자 A는 야간에 헤드랜턴을 켠 채 전원이 꺼지지 않은 컨베이어 벨트를 보지 못한 채 지나가다 소매가 말려들어가는 사고가 발생한다.

1) 기인물
2) 가해물
3) 안전대책 4가지

1) ① 컨베이어
2) ① 컨베이어 벨트
3) ① 전원 차단한 후 점검 실시
  ② 컨베이어 비상정지장치 설치
  ③ 컨베이어 작업장 조명 점등
  ④ 작업자 안전교육 실시

110 | 기계기구·컨베이어

작업자 A는 컨베이어의 모터에 묻은 이물질을 제거하던 중 컨베이어의 틈새에 소매가 말려들어가 손이 끼이는 재해가 발생하였다.

1) 위험점
2) 재해 발생형태
3) 재해 발생형태 정의

1) ① 끼임점
2) ① 끼임
3) ① 기계 설비에 끼이거나 감김

111 | 기계기구·컨베이어

작업자 A는 작동 중인 컨베이어에 포대를 올리는 작업을 하고 있다. 작업자 A는 컨베이어 벨트 양쪽 대에 올라서서 포대를 받아서 작업하다가, 작업자 B가 포대를 잘못 던지는 바람에 작업자 A가 포대에 맞아 중심을 잃어 넘어지면서 팔이 컨베이어 벨트에 끼이는 사고가 발생하였다.

1) 문제점 3가지
2) 안전대책 3가지
3) 사고 시 조치사항

1) ① 작업발판 미사용
   ② 위험한 구역에서 작업
   ③ 비상정지장치가 작동하지 않음

2) ① 안전한 작업발판 사용
   ② 기계 전원 차단
   ③ 작업 전 비상정지장치 점검

3) ① 비상정지장치를 조작해서 컨베이어 운전을 정지시킨 후 부상자를 응급조치 하도록 한다.

작업

112 | 기계기구·컨베이어

작업자 A는 컨베이어에서 작업하고 있다.

1) 작업시작 전 점검사항 4가지

1) ① 원동기·회전축·기어 및 풀리 등의 덮개 또는 울 등의 이상 유무
   ② 이탈 등의 방지장치 기능의 이상 유무
   ③ 비상정지장치 기능의 이상 유무
   ④ 원동기 및 풀리 기능의 이상 유무

113 | 기계기구·컨베이어

안전모를 미착용한 작업자 A는 작업발판이 없는 컨베이어 위에서 작업하고 있다. 컨베이어는 작동하고 있으며, 파지를 고르는 작업을 하고 있다. 파지를 옮기는 기계는 작업자들의 머리 위를 지나가고 있다.

1) 위험요인 3가지

1) ① 안전모 미착용
   ② 작업자 머리 위로 하물 운반
   ③ 작업발판 없이 컨베이어 위에서 작업

114 | 기계기구·컨베이어

작업자 A는 포대를 컨베이어 벨트에 올리는 작업을 하고 있다.
포대가 정상적으로 놓여있지 않은 상태로 올라가던 중, 위쪽에서 작업하던 작업자B의 발에 부딪혀 넘어지며, 오른쪽 팔이 기계 하단으로 말려 들어가는 재해가 발생한다.

1) 안전장치 5가지 작성

1) ① 비상정지장치
   ② 덮개
   ③ 울
   ④ 건널다리
   ⑤ 이탈방지장치

115 | 기계기구·사포(샌드페이퍼)

작업자가 캡 모자를 쓰고 있으며, 보안경도 착용하지 않고,
면장갑을 착용한 상태에서 작업자가 선반 작업 중이다.
작업자는 회전축에 샌드페이퍼를 감아 손으로 지지하여 작업을 하다가, 작업자의 옷소매와 장갑이 말려들어간다.

1) 위험점
2) 해당 위험점의 정의
3) 위험요인 3가지

1) 회전말림점
2) 회전체에 작업복 등이 말려 들어가는 위험점
3) ① 샌드페이퍼를 손으로 지지하여 말려 들어갈 위험이 있음
   ② 면장갑을 착용하여 말려 들어갈 위험 있음
   ③ 회전부에 덮개 및 울이 설치 되지 않아 말려 들어갈 위험

116-117 섬유기계

116 | 기계기구·섬유기계

섬유공장에서 실을 감는 섬유기계가 작동 중이고, 장갑을 착용한 작업자가 아래에서 일을 하고 있습니다. 갑작스럽게 실이 끊어지며 기계가 멈췄고, 작업자는 회전하는 대형 회전체의 문을 열고 허리 안쪽까지 점검하던 도중 기계가 갑자기 다시 돌아가 작업자의 손과 몸이 회전체에 끼이는 사고가 발생하는 장면을 보여준다.

1) 핵심위험요인 2가지 작성

1) ① 기계 정비 시, 정지를 시키지 않고 점검하여, 재해 위험
   ② 기계의 기동장치에 잠금장치를 하고, 그 열쇠를 별도 관리하거나, 표지판을 설치하는 등 방호조치를 하지 않아, 재해 위험

117 | 기계기구·섬유기계

섬유공장에서 작업자 A는 면장갑을 착용한 채 기계를 점검하다, 먼지가 피부에 묻어 손으로 닦아내고 있다.

1) 착용하여야 할 보호구 4가지

1) ① 방진마스크
   ② 보안경
   ③ 안전모
   ④ 귀마개

118 | 기계기구·영상표시단말기

작업자 A는 의자에 착석해 컴퓨터를 보고 있다. 작업자 A의 의자 높이가 맞지 않아, 다리를 구부리고 앉아 있다. 모니터를 최대한 가까이서 바라보고 있으며, 키보드는 높은 위치에 놓여있는 장면을 보여주고 있다.

1) 올바르지 못한 자세 3가지
2) 올바른 자세 3가지
3) 컴퓨터 작업을하면서 얻게되는 장해 3가지

1) ① 키보드는 조작하기 불편한 위치에 있음.
   ② 의자에 불편한 자세로 앉아 있음.
   ③ 모니터를 보기 불편한 위치에 있음.
2) ① 키보드는 조작하기 편한 위치에 놓는다.
   ② 의자는 등받이 깊숙이 앉아야 한다.
   ③ 모니터 위치는 보기 편하게 조정해야 한다.
3) ① 어깨 통증
   ② 허리 통증
   ③ 눈의 피로

작업

119-120 컴퓨터작업

119 | 기계기구·컴퓨터작업

작업자 A는 등이굽은 상태로 타이핑 작업을 하고 있다.

1) 반복적인 동작, 부적절한 작업자세, 무리한 힘의 사용, 날카로운면과 신체접촉, 진동 및 온도등의 요인에 의하여 발생하는 건강장해로써, 목, 어깨 등에 나타나는 질환의 명칭
2) 근로자가 컴퓨터 단말기의 조작업무를 하는 경우에 사업주의 조치 사항 4가지

1) ① 근골격계 질환
2) ① 실내는 명암의 차이가 심하지 않도록 하고, 직사광선이 들어오지 않는 구조로 할 것
   ② 컴퓨터 단말기와 키보드를 설치하는 책상과 의자는 작업에 종사하는 근로자에 따라 그 높낮이를 조절할 수 있는 구조로 할 것
   ③ 연속적으로 컴퓨터 단말기 작업에 종사하는 근로자에 대하여, 작업시간 중에 적절한 휴식 시간을 부여 할 것
   ④ 저휘도형의 조명기구를 사용하고 창·벽면 등은 반사되지 않는 재질을 사용할 것

120 | 기계기구·컴퓨터작업

작업자 A는 등이굽은 상태로 타이핑 작업을 하고 있다.

1) 영상과 같은 근골격계부담작업 시, 유해요인 조사 항목 2가지
2) 신설일로부터 얼마 기간 이내에 최초의 유해요인 조사를 하여야 하는지 작성

1) ① 설비·작업공정·작업량·작업속도 등 작업장 상황
   ② 작업시간·작업자세·작업방법 등 작업조건
   ③ 작업과 관련된 근골격계질환 징후와 증상 유무
2) ① 1년이내

121-122
둥근톱·동력식 수동대패기

> 참고

자율안전확인대상	방호조치 자율안전고시	산업안전보건기준에 관한 규칙 제 4절 목제가공용 기계 편
목재가공용 둥근톱 1. 반발 예방장치 2. 날 접촉 예방장치	목재 가공용 둥근톱 1. 날 접촉 예방장치 2. 덮개 3. 반발 예방장치 4. 분할날	목재가공용 둥근톱 기계 1. 반발 예방장치 2. 톱날 접촉 예방장치
동력식 수동대패용 1. 칼날 접촉방지장치	동력식 수동대패기 (기) 1. 칼날 접촉방지장치 2. 덮개	동력 수동개패기계 (기) 1. 날 접촉 예방장치

121 | 기계기구·동력식 수동대패기

작업자 A는 동력식 수동대패기로 작업하고 있는 장면을 보여주고 있다.

1) 방호장치명
2) 방호장치 설치 종류 2가지

1) ① 칼날 접촉방지장치
　　② 덮개
2) ① 고정식 덮개
　　② 가동식 덮개

122 | 기계기구·둥근톱

작업자 A는 작업자 B와 잡담을 하며, 둥근 톱으로 목재를 절단하려다 손이 절단되는 장면을 보여주고 있다. 방호장치는 설치되지 않은 장면을 보여주고 있다.

1) 위험요인 2가지
2) 방호장치 2가지

1) ① 방호장치 미설치
   ② 작업자와 잡담하여 집중하지 않음
2) ① 날접촉예방장치
   ② 덮개

123-126
둥근톱

123 | 기계기구·둥근톱

방호장치가 설치되지 않은 목재가공용 둥근톱을 이용하여 물을 뿌리는 작업을 면장갑을 착용한 작업자가 하고 있으며, 작업자는 보호구를 착용하지 않은 상태에서 그 손으로 벽면에 부착된 기계의 전원스위치를 만지고, 레일의 상단을 왔다 갔다 하여 기계가 갑자기 작동하여, 톱날을 돌리던 작업자는 손을 다치는 장면을 보여 주고 있다.

1) 불안전한 행동 5가지
2) 안전대책 4가지

1) ① 장갑착용
   ② 방진마스크 미착용
   ③ 보안경 미착용
   ④ 전원을 차단 하지 않고, 점검 진행
   ⑤ 날접촉예방장치 미설치

2) ① 장갑착용 금지
   ② 방진마스크 착용
   ③ 보안경 착용
   ④ 전원을 차단 한 후, 점검 진행
   ⑤ 날접촉예방장치 설치

124 | 기계기구·둥근톱

보안경을 착용하지 않은 작업자가 띠톱 작업 중 자재를 꺼내려고 고개를 숙이다가, 톱날에 장갑이 걸려 들어가는 사고가 발생함

1) 작업자의 복장 위험요인 1가지 작성
2) 작업자의 행동 위험요인 2가지 작성

1) ① 보안경 미착용
2) ① 청소 시 전원 미차단
   ② 청소 시 전용 공구 미 사용 (장갑 낀 손으로만 청소 진행)

125 | 기계기구·둥근톱

둥근톱을 이용하여, 나무판자 자르는 작업 중, 작업에 집중하지 않아, 손가락이 절단되는 장면이 보이고, 둥근톱에는 덮개가 없고, 재해자는 보안경 및 방진마스크를 미착용한 장면을 보여준다.

1) 둥근톱 기계에 고정식 접촉예방장치 설치 시, 가공재의 상면에서 덮개 하단까지의 최대간격 작성
2) 둥근톱 기계에 고정식 접촉예방장치 설치 시, 덮개의 하단과 테이블면 사이의 최대간격 작성

1) ① 8mm
2) ① 25mm

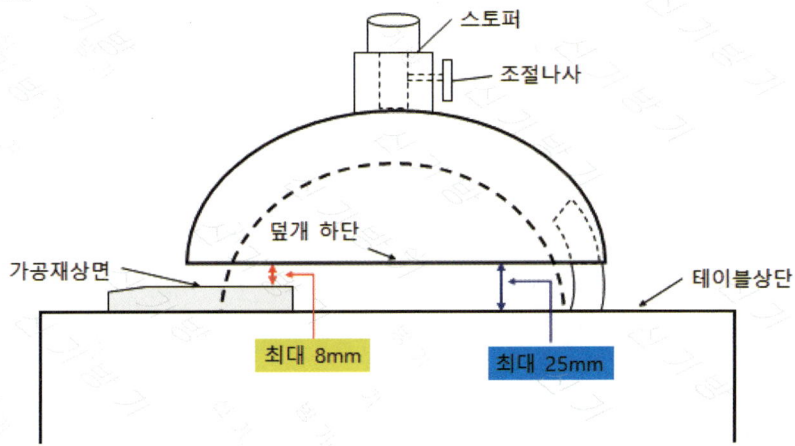

신기방기 꿀팁!
최대간격이라는 단어가 없으면 **8mm이하(이내), 25mm이하(이내)**로 작성하세요!

126 | 기계기구·둥근톱

작업자 A는 일반 모자를 착용하고, 다른 보호구는 착용하지 않은 채로 개폐기함에 가서 전원을 올리고 기계 및 주변을 에어건으로 청소하고 있다. 바닥에 엎드린 채 기계 밑에 있는 먼지를 청소하다가 먼지가 눈에 들어가, 눈을 질끈 감고 있다.

1) 착용하여야 할 보호구 4가지

1) ① 보안경
　② 방진마스크
　③ 안전모
　④ 안전화

127-128
사출성형기

127 | 기계기구·사출성형기

작업자 A는 사출성형기를 점검하기 위하여 기계의 작동을 멈추고, 사출성형기에 감겨있는 이물질을 제거하려다 감전으로 쓰러지는 재해가 발생하였다.

1) 위험요인 4가지
2) 안전대책 4가지

1) ① 전원을 차단하지 않고 이물질 제거
　　② 수공구를 사용하지 않고 이물질 제거
　　③ 절연보호구 미착용
　　④ (덮개를 열어 작업하였을 경우) 인터록 장치 미설치
2) ① 전원을 차단한 후 이물질 제거
　　② 수공구를 사용하여 이물질 제거
　　③ 절연보호구 착용
　　④ (덮개를 열어 작업하였을 경우) 인터록 장치 설치

128 | 기계기구·사출성형기

안전모와 장갑을 착용한 작업자가 사출성형기 작업 후 개방하여 잔류물을 정리하려고 금형의 볼트를 손으로 빼려다가 잘 안되는 것 같아 제어판을 손으로 두드리고 있다. 그러던 중에 다시 볼트를 빼려고 하지만 손이 눌리는 모습을 보여준다.

1) 재해발생 형태
2) 기인물

1) 끼임
2) 사출성형기

작업

129-130
선반

129 | 기계기구·선반

작업자 A는 선반 점검을 하고 있다. 전원이 켜진 채로 회전부의 덮개를 열어 점검하던 중 갑자기 작동되는 바람에 작업자 A의 손가락이 끼이는 재해가 발생하였다.

1) 방호장치

1) 인터록(Inter Lock) 장치

130 | 기계기구·선반

작업자는 칩 브레이커가 설치되지 않아, 칩이 끊어지지 않고 길게 나오고 있는 상황을 집중해서 지켜보고 있다. 장갑을 착용하지 않은 채로 장비 조작부에 손을 올려놓은 채, 선반에서 칩이 나오는 모습을 지켜보고 있다. 선반에는 "비산 주의" 표지판이 부착되어 있지만, 작업자의 안전장비 착용 여부는 확인되지 않고 있다.

1) 근로자에게 발생 할 수 있는 내재 된 위험요인 3가지 작성

1) ① 선반의 회전축에 작업자가 말려들어갈 위험
　② 선반의 가공물이 작업자를 칠 위험
　③ 선반 가공시 생기는 칩이 작업자에게 날아올 위험

131 | 기계기구·원심기

작업자 A는 보안경을 착용하지 않고, 목장갑을 착용한 상태로 덮개가 설치되지 않은 상태로 작동되고 있는 원심기를 수리하고 있다.

1) 재해유발요인 4가지

1) ① 덮개 미설치
② 보안경 미착용
③ 기계의 전원 차단하지 않고 점검
④ 회전기계에 목장갑 사용

132 | 기계기구·특수화학설비

1) 특수화학설비 내부의 이상상태를 조기에 파악하기 위해 설치해야 할 방호장치 작성
2) 특수화학설비 내부의 이상상태를 조기에 파악하기 위해 설치해야 할 계측장치 작성

1) ① 계측장치 (온도계, 압력계, 유량계)
② 자동경보장치
③ 긴급차단장치
2) ① 온도계
② 압력계
③ 유량계

작업

133 | 기계기구·특수화학설비

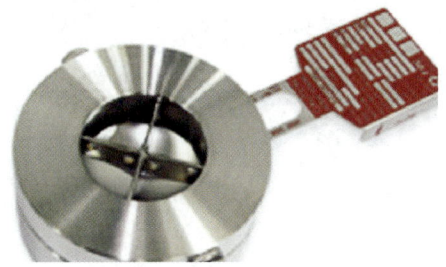

화학 설비를 보여주고 있다.

1) 장치명
2) 설치하여야 하는 경우 2가지

1) ① 파열판
2) ① 반응 폭주 등 급격한 압력 상승 우려가 있는 경우
   ② 급성 독성물질의 누출로 인하여 주위의 작업환경을 오염시킬 우려가 있는 경우
   ③ 운전 중 안전밸브에 이상 물질이 누적되어 안전밸브가 작동되지 아니할 우려가 있는 경우

134 | 기계기구·스팀배관

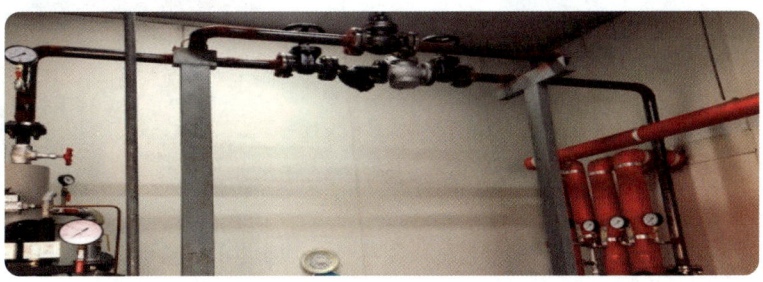

작업자 A는 스팀 배관의 보수를 위해 누출 부위를 점검하던 중, 작업자 A 근처에 스팀이 빠져나오면서 화상을 입게 된다.

1) 사고형태   2) 위험요인 3가지

1) ① 이상온도 노출·접촉
2) ① 보안경 미착용
   ② 방열장갑, 방열복 미착용
   ③ 배관 내 잔압을 제거하지 않고 점검

135 | 기계기구·보온재배관

배관에 설치된 보온재 커버가 벗겨지고 보온재 가루가 흘러내리며, 작업자가 배관 작업을 이어 가던 중, 하얀 증기가 새어나온다.

1) 해당 작업에서의 재해명칭 작성

1) ① 이상온도 노출 및 접촉

136 | 기계기구·공기압축실

작업자 A와 B는 공기압축실에 들어가 시설을 점검하고 있다.

1) 점검사항 6가지

1) ① 윤활유의 상태
   ② 회전부의 덮개 또는 울
   ③ 압력방출장치의 기능
   ④ 공기저장 압력용기의 외관상태
   ⑤ 드레인 밸브의 조작 및 배수
   ⑥ 언로드밸브의 기능

137 | 기계기구·보일러

1) 빈칸 작성
 사업주는 보일러의 안전한 가동을 위하여 규격에 맞는 압력방출장치를 1개 또는 2개 이상 설치하고 (①) 이하에서 1개가 작동되고, 다른 압력방출장치는 (①)의 (②) 이하에서 작동되도록 부착하여야 한다.

1) ① 최고사용압력
  ② 1.05배

138 | 기계기구·플레어스택

플레어 시스템의 전체적인 설비의 모습을 보여주고 있다.

1) 설치 목적
2) 설비의 명칭

1) 안전밸브 등에서 배출되는 위험물질을 안전하게 연소 처리 하기위함
2) 플레어스택

작업

139-140
산업용로봇

139 | 기계기구·산업용로봇

산업용 로봇이 작동하고 있다. 작업자가 울타리 문을 열고, 화면이 확대되며, 산업용 로봇 아래에 있는 검정색 매트를 밟는모습을 보여준다.

1) 작동원리 작성
2) 안전인증 외 표시 외 추가로 표시하여야 할 사항 4가지 작성

1) 유효감지영역 내의 임의의 위치에 일정한 정도 이상의 압력 주어졌을 때 이를 감지하여, 신호를 발생시킴

2) ① 작동하중
　② 감응시간
　③ 복귀신호의 자동 또는 수동 여부
　④ 대소인공용 여부

140 | 기계기구·산업용로봇

산업용 로봇이 작동하고 있는 모습을 보여준다.

1) 컨베이어 시스템의 설치 등으로 높이 1.8m 이상의 울타리를 설치할 수 없는 일부 구간에 대해 설치 하여야 하는 방호장치 2가지 작성

1) ① 안전매트
　② 광전자식 방호장치

141 | 기계기구·방호장치

1) 기계 · 기구 명칭
2) 각 기계 · 기구의 방호장치 명

명칭	기계·기구
①	
②	
③	 

1) ① 휴대용연삭기
   ② 선반
   ③ 컨베이어
2) ① 덮개
   ② 덮개, 울, 가드
   ③ 덮개, 울, 비상정지장치, 건널다리

142-143 후드덕트

142 | 기계기구·후드덕트

1) 국소배기장치의 후드 설치기준 3가지 작성

1) ① 유해물질이 발생하는 곳마다 설치 할 것
② 후드 형식은 가능하면 포위식 또는 부스식 후드를 설치 할 것
③ 외부식 또는 리시버식 후드는 해당 분진 등의 발산원에 가장 가까운 위치에 설치 할 것
④ 유해인자의 발생 형태와 비중, 작업방법 등을 고려하여 해당 분진 등의 발산원을 제어할 수 있는 구조로 설치 할 것

143 | 기계기구·후드덕트

1) 분진 등을 배출하기 위하여 설치하는 국소배기장치(이동식은 제외한다)의 덕트의 설치기준 3가지 작성

1) ① 가능하면 길이는 짧게 하고 굴곡부의 수는 적게 할 것
② 청소구를 설치하는 등 청소하기 쉬운 구조로 할 것
③ 덕트 내부에 오염물질이 쌓이지 않도록 이송속도를 유지할 것
④ 연결 부위 등은 외부 공기가 들어오지 않도록 할 것
⑤ 접속부의 안쪽은 돌출된 부분이 없도록 할 것

144-146
배전반

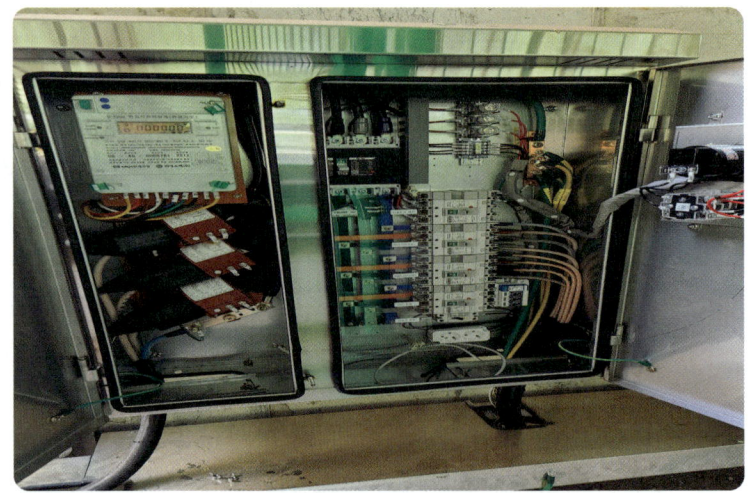

144 | 전기·배전반

배전반 콘센트 전원 측에 물이 뚝뚝 흐르는 것을 보여주고 있다. 작업자 A는 전원부를 차단하려는 찰나에 갑자기 쓰러졌다.

1) 재해형태와 정의
2) 가해물

1) 감전
   외부에서 인가된 전원에 의해 인체 안으로 전류가 통과되는 것
2) (배전반 접촉) 배전반
   (배전반과 떨어진 경우) 전류

145 | 전기·배전반

작업자 A는 장갑을 착용하지 않은 채 배전반 문을 열고 작업하고 있다. 차단기는 켜져 있는 상태를 보여주고 있고, 작업하는 도중 작업자 A씨는 쓰러졌다.

1) 잔류전하에 의한 감전 사고 재해 예방조치 3가지

1) ① 정전작업 실시
   ② 절연보호구 착용
   ③ 관리감독자는 작업에 대한 안전교육 시행

작업

146 | 전기·배전반

작업자가 드라이버로 임시배전반을 맨손으로 확인하는 도중, 다른 작업자가 컨트롤 박스의 문을 닫아 손이 끼어들어 감전 사고가 발생했다.

1) 위험요인 2가지

1) ① 절연용 보호구 착용하지 않음
   ② 배전반 문 잠금장치와 통전금지 표찰 설치하지 않음

147 | 전기·컨트롤 패널

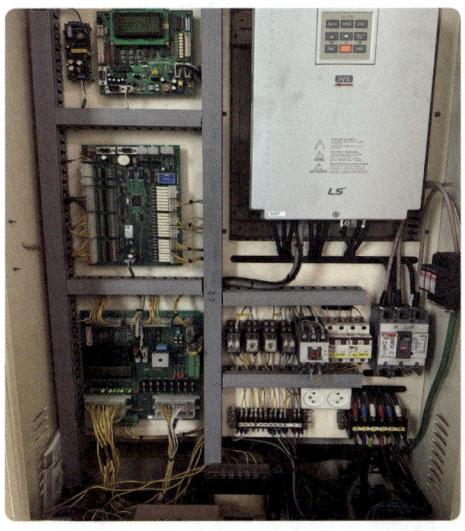

승강기 컨트롤 패널 작업 중인 작업자 A가 절연 보호구를 착용하지 않은 채로 개폐기 문을 열어 전원을 차단한다.
그때, 다른 패널에서 작업 중인 작업자 B가 전선을 만지자마자 쓰러지며 의식을 잃었다.

1) 재해 형태
2) 재해 원인 2가지
3) 가해물 2가지(영상에 따라 달라짐)
4) 감전 방지대책 4가지

1) 감전
2) ① 절연 보호구 착용하지 않음
   ② 전원을 차단하지 않음
3) ① (컨트롤 패널과 접촉할 경우) 컨트롤 패널
   ② (전선을 만졌을 경우) 전선
4) ① 전원 차단 및 안전 로킹
   ② 절연용 보호구 착용
   ③ 작업 시 전기적인 위험에 대한 안전교육 실시
   ④ 작업지휘자 또는 감시인 배치

148 | 전기·권선기

작업자 A는 장갑을 착용하지 않은 채 배전반 문을 열고 작업하고 있다. 차단기는 켜져 있는 상태를 보여주고 있고, 작업하는 도중 작업자 A씨는 쓰러졌다.

1) 재해 형태
2) 재해 원인 2가지

1) ① 감전
2) ① 절연 보호구 착용하지 않음
   ② 전원을 차단하지 않음

149 | 전기·단무지공장

단무지 공장에서 작업자 A는 물이 차 있는 수조에서 작업하던 도중, 옆에 있던 수중펌프가 작동하는 동시에 작업자 A씨는 감전되었다.

1) 감전사고 원인을 인체 피부저항과 관련지어 설명
2) 습윤한 장소에서 사용되는 이동전선에 대한 사용 전 점검사항 3가지
3) 재해 예방 대책 3가지
4) 방호장치

1) ① 습윤한 환경에서는 피부의 저항이 1/25 정도로 감소하여 전기가 인체를 통과하기 쉽다.
2) ① 수중펌프 금속체 외함 접지 점검
   ② 누전 차단기 설치 여부 확인
   ③ 절연이 손상된 전선은 즉시 교체
3) ① 수중펌프의 절연이 파손되었거나 전기적인 누전이 없는지 작업 전 확인
   ② 누전 차단기 설치
   ③ 작업 전 전원을 차단
4) ① 누전차단기

작업

150-151
고압선로

150 | 전기·고압선로

작업자 2명이 절연 방호구 설치 작업을 하고있다. 한 작업자는 활선고소작업차에 올라가 안전모는 착용하였지만 절연 보호구를 착용하지 않은 상태에서 절연 방호구를 설치하고, 다른 작업자는 아래에서 도구와 재료를 전달하여 작업을 지원하고 있다. 작업 하는 도중에 전기 장비에 감전된 작업자가 발생하여 의식을 잃었다.

1) 위험요인 3가지

① 작업자는 절연용 보호구 착용하지 않아 감전 위험
② 활선작업용 공구 사용하지 않아 감전위험
③ 활선 작업 반경 거리 간격을 두지 않아 위험

151 | 전기·고압선로

작업자가 전주의 고압선로 작업진행 중 이다. 작업자는 전주의 고압선로에 사다리차를 타고 절연용 방호구 설치 작업을 하고 있는 모습을 보여 준다

1) 작업 시, 필요한 보호구 4가지 작성

1) ① 절연고무장갑
② 절연화
③ 절연용 안전모
④ 절연복

152 | 전기·고압선로

절연고소작업차에 탑승한 작업자가 충전전로에 주황색 플라스틱 절연용 방호구를 설치하고 있다. 작업자는 절연장갑과 절연용 안전모를 착용하고 있지만 안전대를 착용하지 않은 상태다.

차량 아래에서 얇은 장갑을 착용한 다른 작업자가 자재를 달줄로 메달고 있고, 형강 쪽의 얇은 봉에 와이어로프를 걸 수 있는 도르래로 와이어로프를 연결한 뒤 잡아당기면서 올려 보내고 있다.

와이어로프가 전주 전선에 방호조치 없이 걸쳐져 있다. 위에 탑승한 작업자가 손으로 인양하는데, 1줄걸이로 흔들리며 인양되고 있으며 두 작업자가 서로 신호를 주고 받지 않고 있다.

절연고소작업차에는 2개의 탑승칸이 있고, 각각 작업자가 탑승하고 있다. 탑승칸 위치가 조정되어 아웃트리거를 설치했지만, 차량이 흔들리는걸 알 수 있다.

전로에 절연용 방호구를 설치하는 동안, 주 작업자가 활선전로에 가까이 붙어 작업하고 있으며, 차량도 주변 전신주 전로에 매우 가까이 위치해 있다.

1) 위험요인 3가지
2) 충전로 작업 시 전원을 차단하지 않고 작업 할 수 있는 경우 3가지 작성

1) ① 작업자가 절연용 보호구를 착용하지 않아, 감전 위험
   ② 작업자가 활선작업용 기구 및 장치를 사용하지 않아 감전 위험
   ③ 작업자가 충전전로에서 접근한계거리 이내로 접근하여 감전 위험

2) ① 생명유지장치, 비상경보설비, 폭발위험장소의 환기설비, 비상조명설비 등의 장치·설비의 가동이 중지되어 사고의 위험이 증가 되는 경우
   ② 기기의 설계상 작동상 제한으로 전로차단이 불가한 경우
   ③ 감전, 아크등으로 인하여 화상, 화재폭발의 위험이 없는 것으로 확인 된 경우

작업

153 | 전기·통신주

안전대를 착용한 작업자가 통신주의 스탭볼트를 밟고 올라가고 있다.
수공구 작업중이다. 작업중에 C.O.S가 자꾸 발판에 닿아 흔들거린다.
옆에 절연고소작업차를 탄 작업자는 목장갑을 끼고 벙거지 모자를 쓰고 있으며, 안전대를
착용하지 않았으며, 버켓이 흔들리고 있다.
작업장소 밑에 신호수가 있고 행인이 지나가는 모습이 보인다.

1) 해당 작업에서 위험요인 3가지 작성

1) ① 안전대 미착용으로 인한 추락 위험
   ② 안전모 미착용
   ③ 작업발판이 고정되지 않음
   ④ 작업 반경 내 작업자 외 출입금지 미 실시

" 신기방기 꿀팁 "

전주와 통신주의 차이를 구별하라!
전주는 '애자, C.O.S'가 달려있는지 유무로 판단할 수 있다.

154 | 전기·피뢰기

전주와 작업자를 보여주며, 작업자가 작업 중 화면이 갑자기 확대되며, 방호장치를 보여준다.

1) 방호장치 명칭
2) 해당 방호장치가 갖추어야 할 구비조건 4가지

1) ① 피뢰기
2) ① 상용 주파 방전 개시 전압이 높을 것
   ② 속류 차단 능력이 클 것
   ③ 충격 방전 개시 전압이 낮을 것
   ④ 제한 전압이 낮을 것

155 | 전기·변압기

작업자 A는 전기 공사 현장에서 변압기의 점검 작업을 수행하고 있다.
작업자 A는 맨손으로 변압기의 2차 전압을 측정하기 위해 접근하였고, 변압기에 전원을 투입하도록 작업자 B에게 신호를 보냈다. 그 순간, 작업자 A는 변압기의 노출된 전선에 접촉하여 감전되었다.

1) 발생 이유 3가지
2) 안전 조치 사항 3가지

1) ① 안전거리 미확보
   ② 작업자 간의 신호 체계와 의사소통 미확립
   ③ 절연용 보호구 미착용

2) ① 안전거리 확보
   ② 작업자 간의 신호 체계와 의사소통 확립
   ③ 절연용 보호구 착용

156 | 전기·연마작업

작업장에는 물에 닿은 채 이동전선 및 충전부가 바닥에 놓여 있으나, 삭업사 A와 B는 방진마스크, 보안경 착용하지 않은 채 연마 작업을 하고 있다. 두 작업자 손에는 면장갑을 착용한 채 작업하고 있다.

1) 위험 요인 4가지
2) 안전 조치 사항 4가지

1) ① 보안경 미착용
   ② 방진마스크 미착용
   ③ 누전차단기 미설치
   ④ 습윤 장소에서 충분한 절연효과가 있는 이동전선 및 접속기구 미사용

2) ① 보안경 착용
   ② 방진마스크 착용
   ③ 누전차단기 설치
   ④ 습윤 장소에서 충분한 절연효과가 있는 이동전선 및 접속기구 사용

157 | 전기·누전차단기

작업장에는 물에 닿은 채 이동전선 및 충전부가 바닥에 놓여 있다. 작업자 A는 연마 작업을 하고 있는 장면을 보여주고 있다.

1) 감전방지용 누전차단기 설치 조건 4가지

1) ① 임시배선의 전로가 설치되는 장소에서 사용하는 이동형 또는 휴대형 전기기계·기구
   ② 대지전압이 150V를 초과하는 이동형 또는 휴대형 전기기계·기구
   ③ 철판·철골 위 등 도전성이 높은 장소에서 사용하는 이동형 또는 휴대형 전기기계·기구
   ④ 물 등 도전성이 높은 액체가 있는 습윤장소에서 사용하는 저압용 전기기계·기구

158 | 전기·충전전로(항타기)

항타기로 땅을 파고, 면장갑은 착용 하였지만, 안전모는 미 착용 한 작업자가
항타기가 세워지고 있는 장소의 작은 틈에 손을 넣어서 보도 블럭을 끄집어낸다.
이동식 크레인으로 파일을 세로로 세워서 들고 이동 하는 장면이 나온다.
전주에 흔들림이 많아서, 작업자 여러명이 흔들리지 못하도록 잡고 있다.

1) 감전 재해 예방 대책 3가지를 작성 하시오.

1) ① 차량을 충전 전로의 충전부로부터 이격 시킬 것
   ② 충전 전로에 절연용 방호구등을 설치 할 것
   ③ 감전 발생 위험이 있는 장소에는 울타리를 설치 할 것

159 | 전기·전주

작업자 A는 통신주에 올라가다 CCTV에 부딪혀 추락하는 재해가 발생하였다.

1) 발생 원인 3가지

1) ① 작업 시작 전 주변 점검을 실시하지 않음
   ② 안전대 미착용
   ③ 고소작업차량을 사용하지 않음

160 | 전기·전주

작업자가 전주에 올라가던 도중 표지판에 부딪쳐 추락하는 사고가 발생하는 장면을 보여준다.

1) 재해발생원인 2가지 작성

1) ① 안전대 미착용
   ② 안전한 작업발판 미 설치

작업

161-162
전주

161 | 전기·전주

작업자 A는 안전대를 체결하지 않은 상태로 전주에 등주를 하여 공구를 꺼내려던 중 공구가 낙하하여 밑에서 작업하고 있던 작업자 B가 맞는 재해가 발생하였다.

1) 안전수칙 3가지

1) ① 감시인 배치 및 출입금지 구역의 설정
　② 안전대 착용
　③ 지상작업자 안전보호구 착용

162 | 전기·전주

작업자 A와 B는 흔들거리는 스텝볼트를 밟고 변압기 볼트를 조이는 작업을 하는 것을 보여주고 있으며, 작업자 A는 절연장갑을 착용하지 않았고, 작업자 A와 B 모두 안전대를 전주에 체결하지 않은 상태이다.

1) 위험 요인 3가지

1) ① 안전대를 전주에 체결하지 않아 떨어짐 위험이 있음
　② 작업자 A가 절연장갑을 착용하지 않아 감전 위험이 있음
　③ 스텝볼트(작업발판)이 불안하여 떨어짐 위험이 있음

163-164
전주

163 | 전기·전주

전주 위에서 작업자 2명이 작업하고 있다. 안전모 착용한 작업자 A는 안전대를 체결 하지 않은 채 흡연을 하며, 스텝 볼트를 딛고 작업하는 모습을 보여주며, 스텝 볼트가 흔들리는 장면을 보여주고 있다. 스텝 볼트 쪽에는 C.O.S(Cut Out Switch)가 임시로 걸쳐 있는 것을 보여주고 있다. 작업자 B는 고소작업차량에서 다른 작업을 하고 있는 장면을 보여주고 있다.

1) 정전작업 전 조치사항 4가지
2) 정전작업 중 조치사항 4가지
3) 정전작업 종료 후 조치사항 3가지
4) 위험요인 4가지
5) 절연보호구 4가지

1) ① 검전기를 이용하여 작업
   ② 단락접지기구를 이용하여 접지
   ③ 전력 케이블, 전력 콘덴서 등의 잔류 전하 방전
   ④ 단로기나 차단장치에 잠금장치 및 꼬리표 부착

2) ① 개로된 개폐기의 관리
   ② 단락접지 상태관리
   ③ 근접활선에 대한 방호상태 관리
   ④ 작업지휘자에 의한 지휘

3) ① 단로기나 차단장치 잠금장치 및 꼬리표 철거
   ② 작업장에 작업자가 위험에 노출되지 않았는지 확인
   ③ 작업기구, 단락접지기구 등 제거

4) ① 적절한 발판(스텝 볼트) 미설치
   ② 작업 중 흡연을 하고 있음
   ③ C.O.S를 임시로 걸쳐 놓음
   ④ 안전대 미체결

5) ① 절연장화
   ② 절연화
   ③ 절연복
   ④ 절연장갑

작업

164 | 전기·전주

작업자 A는 콘크리트 전신주에서 변압기가 활선인지 아닌지 확인하려 한다.

1) 활선 여부 확인이 가능한 방법 3가지

1) ① 검전기로 확인한다.
   ② 활선 경보기로 확인한다.
   ③ 테스터기로 확인한다.

165 | 전기·변전실

작업자들이 옥상에서 족구를 하던 중 족구공이 변전실로 들어가게 되면서, 작업자 1인이 단독으로 족구공을 꺼내오려 하다가 변전실 내부에서 감전을 당하여 쓰러지게 된다.

1) 안전 조치 사항 5가지

1) ① 충전부가 노출되지 않도록 폐쇄형 외함이 있는 구조로 할 것
   ② 충전부에 충분한 절연효과가 있는 방호망이나 절연덮개를 설치할 것
   ③ 충전부는 내구성이 있는 절연물로 완전히 덮어 감쌀 것
   ④ 발전소·변전소 및 개폐소 등 구획되어 있는 장소로서 관계 근로자가 아닌 사람의 출입이 금지되는 장소에 충전부를 설치하고, 위험표시 등의 방법으로 방호를 강화할 것
   ⑤ 전주 위 및 철탑 위 등 격리되어 있는 장소로서 관계 근로자가 아닌 사람이 접근할 우려가 없는 장소에 충전부를 설치할 것

166-169 교류아크 용접

166 | 용접·교류아크용접

습윤한 장소에서 작업자 A는 교류아크용접기를 사용하는 장면을 보여주고 있다.

1) 안전장치

1) ① 자동전격방지기

167 | 용접·교류아크용접

작업자 A는 일반 모자와 목장갑을 착용하고 있으며, 용접 작업을 하면서 슬러지를 제거하고 있다. 제거한 이후, 다시 용접 작업을 하려는 그 때, 감전으로 쓰러져 재해가 발생하였다.

1) 기인물
2) 착용해야 할 보호구 4가지

1) ① 교류아크용접기
2) ① 용접용 보안면
　　② 절연장갑
　　③ 절연화
　　④ 안전모 AE종, ABE종

168 | 용접·교류아크용접

작업자 A는 오른손으로는 용접을 하고 있고, 왼손으로는 스위치를 조작하면서 교류아크용접작업을 하고 있다. 주변에는 인화성 물질이 있는 것으로 보인다.

1) 작업자 측면의 위험요인
2) 작업장 측면의 위험요인
3) 용접작업 중 유해광선에 의한 눈 장해가 우려되는데, 유해광선의 종류 작성

1) ① 오른손으로는 용접, 왼손으로는 스위치를 조작하며 작업에 대한 상황 파악이 어려워짐
2) ① 작업장 주변에 인화성 물질이 있어 화재위험이 있음
3) ① 자외선

169 | 용접·교류아크용접

교류아크용접기로 작업을 하고 있다.

1) 자동전격방지기 종류 4가지

1) ① 외장형
   ② 내장형
   ③ L형 (저저항 시동형)
   ④ H형 (고저항 시동형)

**170-171
교류아크
용접**

170 | 용접·교류아크용접

작업자 A는 교류아크용접작업을 하고 있다.

1) 착용하여야 하는 보호구 5가지

1) ① 용접용 장갑
　② 용접용 두건
　③ 용접용 앞치마
　④ 용접용 보안면
　⑤ 용접용 자켓

171 | 용접·교류아크용접

작업자 A는 용접용 보안면, 가죽장갑, 용접용 앞치마를 착용한 채 모재를 집게에 물려놓고 피복아크용접 작업을 하고 있다. 주변에는 잡다한 용접 도구들이 널부러진 채로 있고, 모재 옆에 있던 작업대 위에 용접봉이나 물건들에서 불티가 튀고 있다.

1) 위험요인 3가지

1) ① 소화기구 비치 미흡
　② 불티의 비산방지조치 미흡
　③ 작업장 주변 가연성 물질에 대한 방호조치 미흡

작업

172 | 용접·교류아크용접

아세틸렌 용접장치 이용하여, 작업하는 영상을 보여주고 있다.

1) 빈칸 작성
   - 사업주는 아세틸렌 용접장치를 사용하여 금속의 용접·용단 또는 가열작업을 하는 경우에는 게이지의 압력이(①) kpa를 초과하는 압력의 아세틸렌을 발생시켜 사용해서는 아니 된다.
   - 주관 및 분기관에는 (②)를 설치 할 것 이 경우 하나의 취관에 2개 이상의 (②)를 설치 하여야한다.
   - 사업주는 아세틸렌 용접장치의 아세틸렌 발생기를 설치하는 경우에는 전용의 발생기실에 설치하여야한다. 발생기실은 건물의 최상층에 위치 하여야 하며, 화기를 사용하는 설비로부터 (③) m를 초과하는 장소에 설치하여야한다. 발생기실을 옥외에 설치한 경우에는 그 개구부를 다른건축물로부터 1.5m 이상 떨어지도록 하여야한다.
   - 사업주는 용해아세틸렌의 가스집합용접장치의 배관 및 부속기구는 구리나 구리 함유량이 (④)% 이상인 합금을 사용해서는 아니된다.

1) ① 127kpa
   ② 안전기
   ③ 3m
   ④ 70%

173-174
용접

173 | 용접·용접안전

아무런 보호구를 착용하지 않은 채 작업자 A는 가스 용접 절단 작업 중, 작업 도구들이 바닥에 널부러져 있는 가운데, 작업자 A는 눕혀져있는 산소통 줄을 보지 못한 채 걸어가다 줄을 당겨서 호스가 뽑혀 산소가 새어 나와 불꽃이 튀고 있다.

1) 위험요인 4가지

1) ① 산소통을 눕혀 위험
② 용접용 장갑 미착용
③ 용접용 보안면 미착용
④ (산소 호스가 뽑혀 나온 경우) 산소용기 호스 조임상태 불량

174 | 용접·용접안전

액화탄산가스 용기와 액체질소 용기 등 보여주고 있다.

1) 가스집합용접장치의 배관을 하는 경우, 사업주가 준수해야하는 사항 2가지

1) ① 플랜지·밸브·콕 등의 접합부에는 개스킷을 사용하고 접합면을 상호 밀착시키는 등의 조치를 할 것
② 주관 및 분기관에는 안전기를 설치하고, 이 경우 하나의 취관에 2개 이상의 안전기를 설치할 것

175-176
유해화학물질

175 | 화학·유해화학물질

작업자 A는 장갑, 마스크를 미착용한 상태로 용기를 들고 비커에 따르고 있다. 용기에는 "H_2SO_4" 라고 적혀져 있다.

1) 체내 유입될 수 있는 경로 3가지
2) 특별관리물질 사항 3가지
3) 소분되어 있는 화학물질의 유해, 위험요인을 표시하기 위해 용기에 표시하는 자료 명칭

1) ① 호흡기
   ② 소화기
   ③ 피부(점막)
2) ① 생식세포 변이원성 물질
   ② 생식독성 물질
   ③ 발암성 물질
3) ① msds(물질안전보건자료)

176 | 화학·유해화학물질

연구실에서 맨손으로, 황산(H_2SO_4)으로 유리용기를 세척하던 작업자에게 황산(H_2SO_4)이 손에 묻어 사고가 발생함

1) 재해발생형태 1가지 작성
2) 재해발생정의 1가지 작성

1) ① 유해 위험물질 노출·접촉
2) ① 유해 위험물질에 노출·접촉 또는 흡입하였거나, 독성동물에 쏘이거나 물린 경우를 뜻함

177 | 화학·유해화학물질

작업자 A는 유해물 취급 작업을 하고 있다.

1) 주의사항 4가지

1) ① 유해물질 발생원인 차단
   ② 유해물의 위치 변경
   ③ 점화원 제거
   ④ 실내환기

178 | 화학·유해화학물질

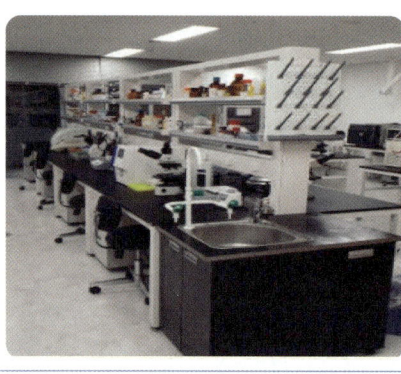 

작업자가 폭발성 화학물질을 다루는 실험실에 들어가기 전에 신발에 물을 묻히고, 입장한다.
다른 작업자가 바닥에 가루가 떨어져 있는 작업장으로 들어가 화약물질을 다루다가, 신발이 미끄러지 듯 하더니 신발 바닥에서 불꽃이 터지는 장면을 보여준다.

1) 폭발성 화학물질 저장소에 들어가는 작업자가 물을 묻히는 이유 작성
2) 소화 방법 작성
3) 착용 해야 할 보호구 2가지 작성

1) 작업화와 바닥면의 접촉으로 인한 정전기 발생을 줄이기 위해서
2) 다량주수에 의한 냉각소화
3) ① 정전기 대전방지용 안전화
   ② 제전복

작업

179 | 화학·유해화학물질

보호구를 입지 않은 작업자가 변압기 양 옆에 나와있는 전선을 집어 유기화합물 드럼에 넣었다가 꺼내 선반 앞에 놓는 활동을 계속 반복하고 있다.

1) 착용해야하는 보호구 - ① 눈 / ② 손 / ③ 피부

1) ① 보안경
   ② 불침투성 보호장갑
   ③ 불침투성 보호복

180 | 화학·유해화학물질

작업자 A는 주황색 용기 저장 장소로 들어가고 있다.

1) 수소의 특성 3가지

1) ① 연소 시 발열량이 큼
   ② 폭발범위가 넓어서 폭발 위험성이 큼
   ③ 공기보다 가벼움

181-182
유해화학물질

181 | 화학·유해화학물질

작업자 A는 DMF(디메틸포름아미드) 작업장에서 아무런 보호구를 착용하지 않은 채 작업을 하고 있다.

1) 유해물질 취급 시 비치하여야 할 보호구 5가지

1) ① 불침투성 보호장갑
   ② 불침투성 보호복
   ③ 불침투성 보호장화
   ④ 보안경
   ⑤ 방독마스크

182 | 화학·유해화학물질

1) DMF(디메틸포름아미드)용기 외부에 부착 해야 하는 경고표지 3가지 작성

1) ① 급성독성물질경고
   ② 발암성물질경고
   ③ 인화성물질경고

183 | 화학·유해화학물질

가솔린이 남아있는 화학설비에 등유를 주입하는것을 보여주고 있다.

1) 빈 칸 작성
   등유나 경유를 주입하기 전에 탱크·드럼 등과 주입설비 사이에 접속선이나 접지선을 연결하여 (①)를 줄이도록 할 것
   등유나 경유를 주입하는 경우에는 그 액표면의 높이가 주입관의 선단의 높이를 넘을 때까지 주입속도를 초당 (②) m 이하로 할 것

1) ① 전위차
   ② 1m

184 | 화학·유해화학물질

1) 가스장치실의 구조적 설치요건 3가지를 작성하시오.

1) ① 가스가 누출된 때에는 가스가 정체되지 않도록 할 것
   ② 지붕 및 천장에는 가벼운 불연성 재료를 사용할 것
   ③ 벽에는 불연성 재료를 사용할 것

185-186 퍼지작업

185 | 화학·퍼지작업

작업자 A는 퍼지작업을 하고 있다.

1) 퍼지작업의 종류 4가지

1) ① 스위프퍼지
   ② 압력퍼지
   ③ 진공퍼지
   ④ 사이펀퍼지

186 | 화학·퍼지작업

산소가 결핍된 곳에서 작업자들은 퍼지작업을 보여주고 있다.

1) 퍼지작업의 목적 3가지

1) ① 가연성 가스 및 지연성가스의 경우
      - 화재폭발 방지
      - 산소결핍에 의한 질식사고 방지
   ② 불활성가스의 경우
      - 산소결핍에 의한 질식사고 방지
   ③ 독성가스의 경우
      - 중독사고 방지

187 | 화학·퍼지작업

산소가 결핍된 곳에서 작업자들은 퍼지 작업을 보여주고 있다.

1) 밀폐공간의 적정공기 수준에 대한 빈 칸 작성

"적정한 공기"는 산소 농도의 범위가 (①)%이상 (②)%미만, 이산화탄소의 농도가 (③)%미만, 일산화탄소의 농도가 (④)ppm 미만, 황화수소의 농도가 (⑤)ppm 미만인 수준의 공기를 말한다.

1) ① 18
   ② 23.5
   ③ 1.5
   ④ 30
   ⑤ 10

작업

188 | 화학·밀폐공간

1) 밀폐 공간 작업 시 필요한 기구 및 보호구 6가지 작성

1) ① 공기호흡기
   ② 송기마스크
   ③ 섬유로프
   ④ 사다리
   ⑤ 산소 및 유해가스농도 측정기
   ⑥ 환기설비

" 신기방기 꿀팁 "
산소호흡기, 방독마스크는 틀린 답안이 됩니다.

189-191
밀폐공간

 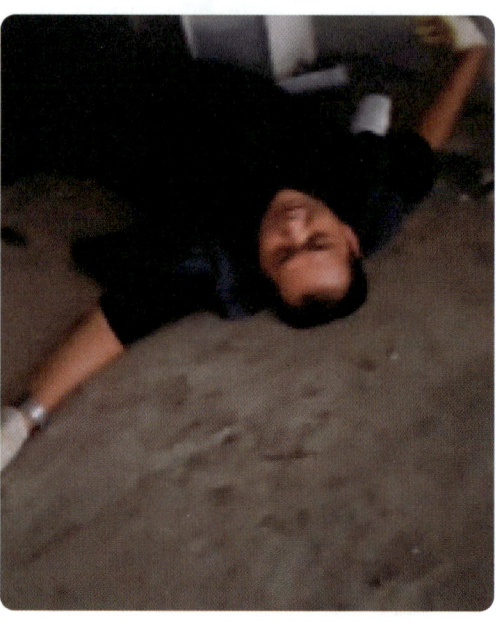

189 | 화학·밀폐공간

어떤 보호구도 착용하지 않은 작업자 A는 선박 밸러스트 탱크 내부 쪽 밀폐공간에 들어가 작업하는 도중에 기절한다.

1) 비상시 대피용(피난용구) 4가지
2) 위험요소 3가지 작성

1) ① 송기마스크
   ② 공기호흡기
   ③ 사다리
   ④ 섬유로프

2) ① 밀폐공간(산소결핍장소)에는 산소 농도를 측정하는 사람을 지명하여야 하지만, 작업시작 전 산소농도를 측정하지 않았다.
   ② 작업 상황을 감시할 수 있는 감시인을 지정하여 밀폐공간 외부에 배치하지 않았다.
   ③ 공기호흡기, 송기마스크 등 보호구를 착용하지 않았다.

작업

190 | 화학·밀폐공간

작업자 A는 맨홀 내부 쪽에 통풍이 불충분한 장소에서 가스를 공급하는 배관 작업을 하고 있다.

1) 사업주 조치 사항 3가지

1) ① 배관을 해체하거나 부착하는 작업장소에 해당 가스가 들어오지 않도록 차단할 것
   ② 근로자에게 공기호흡기 또는 송기마스크를 지급하여 착용하도록 할 것
   ③ 해당 작업 장소는 적정공기 상태가 유지되도록 환기시킬 것

191 | 화학·밀폐공간

지하에 설치 된 폐수처리조에서 작업하던 작업자가 의식을 잃고 쓰러지는 장면을 보여준다.

1) 착용 해야할 보호구 2가지

1) ① 공기호흡기
   ② 송기마스크

**192-195
밀폐공간**

192 | 화학·밀폐공간

작업자 A는 밀폐공간에서 작업하고 있다.

1) 밀폐공간 작업 시 특별 교육의 내용 5가지

1) ① 산소농도 측정 및 작업환경에 관한 사항
   ② 사고 시의 응급처치 및 비상 시 구출에 관한 사항
   ③ 보호구 착용 및 보호 장비 사용에 관한 사항
   ④ 작업내용 안전작업방법 및 절차에 관한 사항
   ⑤ 장비·설비 및 시설 등의 안전점검에 관한 사항

> **참고** 산업안전보건법 시행규칙 별표5 근거 〈개정 2023.09.27〉
> 안전보건교육 교육대상별 교육내용(제26조제1항 등 관련)

34. 밀폐공간에서의 작업	- 산소농도 측정 및 작업환경에 관한 사항 - 사고 시의 응급처치 및 비상시 구출에 관한 사항 - 보호구 착용 및 보호 장비 사용에 관한 사항 - 작업내용안전작업방법 및 절차에 관한 사항 - 장비·설비 및 시설 등의 안전점검에 관한 사항 - 그 밖에 안전·보건관리에 필요한 사항

작업

193 | 화학·밀폐공간

탱크 내부 밀폐된 공간에서 그라인더 작업을 수행하는 작업자가 보인다. 외부에서 다른 작업자가 실수로 국소 배기장치를 발로 차서 전원 공급이 차단되었고, 그 결과 내부 작업자가 의식을 잃어 쓰러지는 사고가 발생하는 장면을 보여준다.

1) 밀폐공간 질식방지 안전대책 3가지 작성

1) ① 작업시작 전, 산소농도 및 유해가스 농도 측정, 산소농도가 18%미만 일 시, 환기를 실시
② 국소배기장치의 전원부에 잠금장치를 설치하고, 감시인을 배치
③ 산소결핍 위험 장소 입·퇴장 시, 호흡용 보호구 착용

194 | 화학·밀폐공간

지하 피트의 밀폐된 공간에서 여러 작업자들이 작업을 진행하고 있는 모습을 보여준다.

1) 밀폐공간 작업 시, 관리감독자 의무 3가지

1) ① 작업을 하는 장소의 산소 여부의 적절성을 작업 시작 전 확인
② 환기장치, 측정장비 등 작업 시작 전에 점검
③ 근로자에게 송기마스크 등의 착용을 지도 및 점검

195 | 화학·밀폐공간

탱크 내부 밀폐된 공간에서 작업자가 그라인더 작업을 하고 있다. 안전모는 착용 하지 않았으며, 그라인더에는 덮개가 없는 모습이 보여진다.
외부에 설치된 국소배기장치를 다른작업자가 발로차서, 전원공급이 차단되어 내부 작업자가 쓰러지는 장면을 보여 준다

1) 밀폐공간 작업 프로그램 내용 4가지 작성

1) ① 안전보건교육 및 훈련
② 사업장 내 밀폐공간의 위치파악 및 관리방안
③ 작업 시작 전, 사전에 필요한 사항에 대한 확인
④ 밀폐 공간 내 사고 발생 우려되는 유해·위험 요인의 파악 및 관리방안

196 | 화학·배관

작업자가 빨간색 에어 배관 플랜지 볼트를 점검하고 있다. 볼트를 풀었다가 조으는 동시에, 하얀증기가 갑자기 분출되며, 작업자의 얼굴로 향하여, 작업자가 쓰러지는 장면을 보여 준다

1) 위험요인 3가지

1) ① 보안경 미착용
   ② 방열장갑, 방열복 미착용
   ③ 배관 내 잔압을 제거하지 않고 점검

197-198
LPG저장소

197 | 화학·LPG저장소

작업자 A는 LPG 저장소에서 작업중 LPG가 대기 중에 유출되어 순간적으로 기화가 일어나 점화원에 의해 폭발하여 사고를 당하였다.

1) 사고형태
2) 기인물

1) ① 폭발
2) ① LPG

198 | 화학·LPG저장소

LPG 저장소에서 가스누설감지경보기를 설치하지 않아 재해가 발생하였다.

1) 경보설정값
2) 적절한 설치위치

1) ① 폭발하한계의 25% 이하
2) ① 바닥에 인접한 낮은 곳에 설치

199 | 화학·인화성물질

인화성물질 취급 및 저장소에서 가스가 대기 중에 확산되어 있는 다량의 가스(증기운)가 유출되어 폭발하고 있는 장면을 보여주고 있다.

1) 가스폭발의 종류
2) 정의
3) 인화성 물질의 증기, 가연성 또는 분진이 존재하여 폭발 또는 화재가 발생할 우려가 있을 경우 예방대책 작성

1) ① 증기운 폭발(UVCE)
2) ① 인화성가스가 대기 중 유출되어 구름형태로 모여 점화원에 의해 급격히 폭발하는 현상
3) ① 환기가 되지 않은 상태에서 전기기계·기구를 작동시키지 않을 것
   ② 분진을 미리제거 할 것
   ③ 가스검지 및 경보장치 설치할 것
   ④ 환풍기, 배풍기 등 환기장치를 설치할 것

작업

200 | 화학·인화성물질

인화성 물질 표지가 부착된 장소에서 작업자 A는 작업을 하다가, 땀을 많이 흘려 옷을 벗던 순간 폭발 사고가 발생하였다.

1) 인체에 대전된 정전기에 의한 화재 또는 폭발 위험이 있는 경우 조치 사항 4가지 작성
2) 발화원의 형태
3) 발화원의 종류 4가지

1) ① 정전기대전방지용 안전화 착용
   ② 제전복착용
   ③ 정전기 제전용구 사용
   ④ 작업장 바닥등에 도전성을 갖추도록 할것

2) 정전기

3) ① 마찰대전
   ② 박리대전
   ③ 유동대전
   ④ 유도대전

201-202
용융고열물

201 | 화학·**용융고열물**

작업자 A는 쇳물이 흐르는 통로에 찌꺼기를 제거하기 위하여 도구로 긁다가 쇳물이 작업자 A의 근처에 튀고 있다.

1) 융용고열물을 취급하는 피트에 대하여 수증기 폭발을 방지하기 위한 사업주의 조치사항 작성

1) ① 작업 용수 또는 빗물 등이 내부로 새어드는 것을 방지할 수 있는
     격벽 등의 설비를 주변에 설치할 것
   ② 지하수가 내부로 새어드는 것을 방지할 수 있는 구조로 할 것

202 | 화학·**용융고열물**

작업자 A는 용광로 작업을 하고 있다. 용탕 안의 쇳물을 저어 슬래그를 제거하고 있다.

1) 고열의 정의를 작성
2) 신체부위 별 보호복 - ① 얼굴 /② 몸 /③ 손 /④ 발

1) 열에 의하여 근로자에 열경련·열탈진 또는 열사병 등의 건강장해를 유발할 수 있는 더운 온도

2) ① 방열두건
   ② 방열복
   ③ 방열장갑
   ④ 방열장화

작업

203 | 보호구·방진마스크

작업자 A는 분리식 방진마스크를 착용하고 있다

1) 빈 칸 작성

등급	염화나트륨 및 파라핀 오일 시험
특급	①
1급	②
2급	③

1) ① 99.95% 이상
   ② 94% 이상
   ③ 80% 이상

204 | 보호구·방진마스크

작업자 A는 방진마스크를 착용하고 있다.

1) 마스크의 명칭
2) 마스크의 등급
3) 산소농도 몇 % 이상인 장소에서 마스크를 사용해야하는지 작성
4) 방진마스크 구비조건 4가지

1) ① 방진마스크(직결식 반면형)
2) ① 특급, 1급, 2급
3) ① 18% 이상
4) ① 착용시 작업이 용이할 것
   ② 여과효율이 좋을 것
   ③ 중량이 가볍고 시야가 넓을 것
   ④ 안면 밀착성이 좋을 것

205 | 보호구·방진마스크

 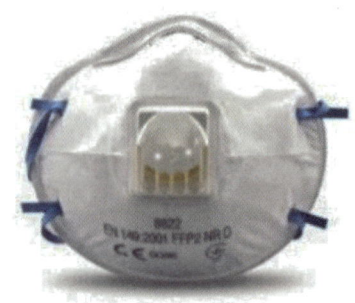

분리식 방진마스크 및 안면부여과식 방진마스크 를 착용하고 있는 작업자를 교차하여 보여 주고 있다.

1) 방진마스크의 일반적인 구조조건 4가지

1) ① 안면부 여과식 마스크는 여과재를 안면에 밀착시킬 수 있을 것
　② 안면부 여과식 마스크는 여과재로 된 안면부가 사용 기간 중 심하게 변형되지 않을 것
　③ 전면형은 호흡 시 투시부가 흐려지지 않을 것
　④ 착용 시 압박감이나 고통을 주지 않을 것

206 | 보호구

작업자 A는 면 마스크를 착용하고 석면분진이 날리고 있는 장소에서 작업을 하고 있다. 작업자 A는 면 마스크를 착용하였지만, 석면 노출에 위험성이 노출되어 있다.

1) 직업성 질병 발병할 수 있는 이유
2) 직업병의 종류 3가지

1) ① 방진마스크가 아닌 일반 면 마스크를 착용하고 있어,
　　석면 분진이 흩날려 호흡기를 통해 흡입할 수 있음.
2) ① 폐암
　② 석면폐증
　③ 악성중피종

207 | 보호구·방독마스크

작업자 A는 녹색 정화통의 방독마스크를 착용하고 있다.

1) 방독마스크의 종류
2) 방독마스크의 형식
3) 방독마스크의 시험가스 종류
4) 방독마스크 정화통의 주성분
5) 방독마스크 전면형 누설률
6) 중농도 방독마스크 파과시간

1) 암모니아용 방독마스크
2) 격리식 전면형
3) 암모니아 가스
4) 큐프라마이트
5) 0.05% 이하
6) 40분 이상

208 | 보호구·방독마스크

작업자 A는 회색 정화통의 방독마스크를 착용하고 있다.

1) 방독마스크의 종류
2) 방독마스크의 형식
3) 방독마스크 시험가스 종류
4) 방독마스크 정화통의 주성분

1) ① 할로겐가스용 방독마스크
3) ① 염소가스
2) ① 격리식 전면형
4) ① 활성탄, 소다라임

209 | 보호구·방독마스크

갈색 정화통의 방독마스크를 보여주고 있다.

1) 방독마스크의 종류
2) 방독마스크의 흡수제
3) 방독마스크의 시험가스의 종류 3가지

1) 유기화합물용 방독마스크

2) 활성탄

3) ① 시클로헥산
　　② 디메틸에테르
　　③ 이소부탄

210 | 보호구·방독마스크

〈출처 : 산업안전보건공단〉

작업자 A는 방독마스크를 착용하고 있다.

1) 방독마스크의 성능시험 종류 5가지

1) ① 안면부 흡기저항시험
　　② 안면부 배기저항시험
　　③ 안면부 누설율시험
　　④ 시야시험
　　⑤ 불연성시험

작업

211 | 보호구·방독마스크

 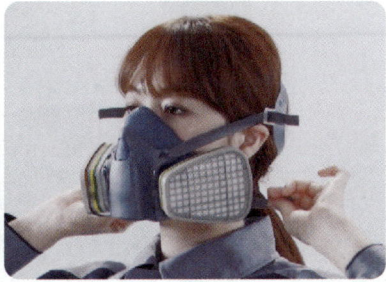

←〈출처 : 산업안전보건공단〉

작업자 A는 방독마스크를 착용하고 있다.

1) 안전 인증 표시 외 추가 표시사항 4가지

1) ① 파과곡선도
　② 정화통의 외부 측면의 표시색
　③ 사용시간 기록카드
　④ 사용상의 주의사항

212 | 보호구·방독마스크

작업자 A는 파이프에 스프레이건으로 페인트 작업을 하고 있다.

1) 착용하여야 하는 보호구
2) 흡수제 종류 4가지

1) ① (유기화합물용) 방독마스크
2) ① 소다라임
　② 활성탄
　③ 알칼리제
　④ 큐프라마이트

213-215 안전모

 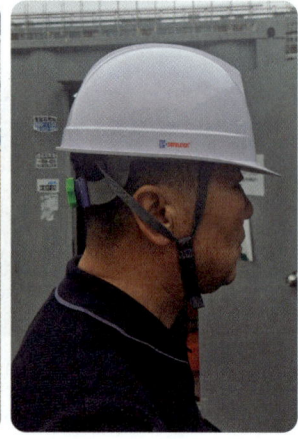 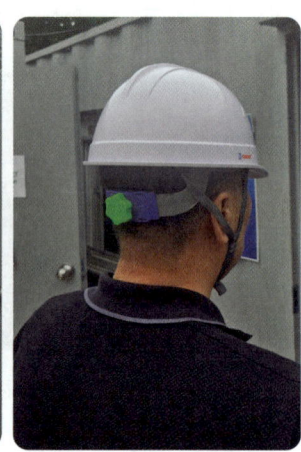

213 | 보호구·안전모

안전모를 보여주고 있다.

1) 빈 칸 채우기

① 안전모의 모체, 착장체 및 충격흡수재를 포함한 질량은 (①)을 초과하지 않을 것
② 물체의 낙하 또는 비래에 의한 위험을 방지 또는 경감하고, 머리부위 감전에 의한 위험을 방지하기 위한 안전모의 기호는 (②) 이다.
③ 내전압성이란 (③) 이하의 전압에 견디는 것을 말한다.

1) ① 440g
   ② AE 종
   ③ 7000V

214 | 보호구·안전모

안전모를 보여주고 있다.

1) 빈 칸 채우기

1. AE종 및 ABE종의 관통거리 (①)mm 이하
2. AB종의 관통거리 (②) mm 이하
3. 충격흡수성 - 최고전달충격력 (③) N 초과하지 않을 것

1) ① 9.5mm
   ② 11.1mm
   ③ 4450N

작업

215 | 보호구·안전모

안전모의 그림을 보여주고 있다.

1) 빈 칸 채우기

번호	명칭	
1)	①	
2)		②
3)	착장제	③
4)		④
5)	⑤	
6)	⑥	
7)	⑦	

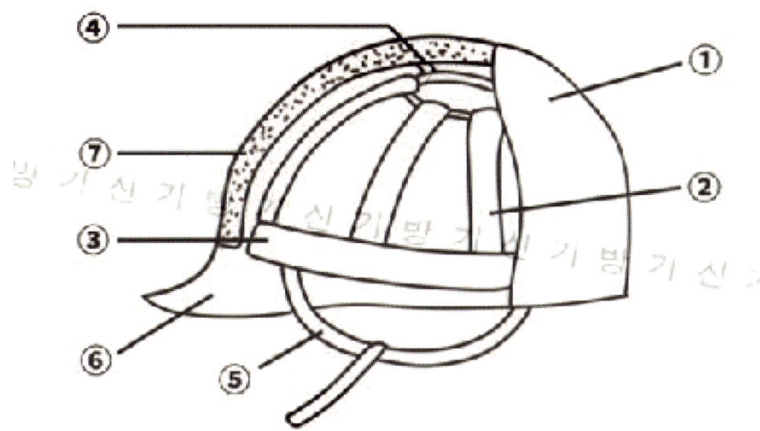

1) ① 모체
　② 머리받침끈
　③ 머리고정대
　④ 머리받침고리
　⑤ 턱끈
　⑥ 챙(차양)
　⑦ 충격흡수재

216-218 안전화

↑〈출처 : 산업안전보건공단〉

216 | 보호구·안전화

1) 안전화의 종류 6가지
2) 가죽제 안전화의 뒷굽 높이를 제외한 몸통 높이에 따른 구분 작성
3) 가죽제 안전화 성능시험 6가지

1) ① 가죽제 안전화
   ② 고무제 안전화
   ③ 정전기 안전화
   ④ 발등 안전화
   ⑤ 절연화
   ⑥ 절연장화

2) ① 단화 113mm 미만
   ② 중단화 113mm 이상
   ③ 장화 178mm 이상

3) ① 내답발성 시험
   ② 내압박성 시험
   ③ 내유성 시험
   ④ 내부식성 시험
   ⑤ 내충격성 시험
   ⑥ 박리저항 시험

217 | 보호구·안전화

작업자 A는 고무제 안전화를 신고 있다.

1) 고무제 안전화의 분류
2) 사용되는 작업장 종류 2가지

1)

분류	사용장소
일반용	일반작업장
내유용	탄화수소류의 윤활유 등을 취급하는 작업장

2) ① 일반작업장
   ② 탄화수소류의 윤활유 등을 취급하는 작업장

작업

218 | 보호구·안전블록

보호구를 보여주고 있다.

1) 보호구의 명칭
2) 보호구의 갖추어야 하는 구조
3) 보호구의 일반구조 조건
4) 보호구의 정의

1) ① 안전블록
2) ① 자동잠김장치를 갖출 것
   ② 안전블록 부품은 부식방지처리를 할 것
3) ① 안전블록은 정격 사용길이가 명시될 것
   ② 안전블록을 부착하여 사용하는 안전대는 신체지지의 방법으로 안전그네만을 사용할 것
   ③ 안전블록의 줄은 합성섬유로프, 웨빙, 와이어로프 이어야 하며, 와이어로프인 경우 최소 공칭지름이 4mm 이상인 것
4) ① 안전그네와 연결하여 추락발생시 추락 억제할 수 있는 자동잠김장치가 갖추어져 있고 죔줄이 자동적으로 수축되는 장치

219 | 보호구·안전대

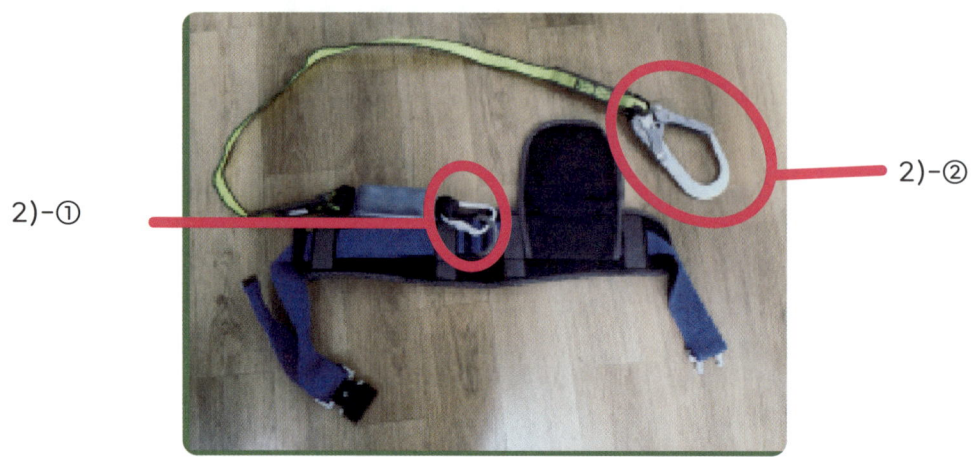

안전대를 보여주고 있다.

1) 안전대의 명칭
2) 각 부의 명칭
3) 벨트의 구조와 치수 기준

1) ① 벨트식

2) ① 카라비너
   ② 훅

3) ① 벨트의 구조 기준
   - 강인한 실로 짠 직물로 비틀어짐, 흠 또는 기타 결함이 없을 것
   ② 벨트의 치수 기준
   - 벨트의 너비 50mm 이상
   - 벨트의 길이 1100mm 이상
   - 벨트의 두께 2mm 이상
   - 벨트의 정하중 15kN 이상

220 | 보호구·안전대

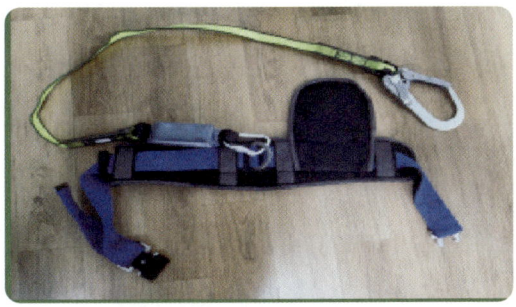

보호구를 보여주고 있다.

1) 안전대의 종류 2가지

1) ① 벨트식
   ② 안전그네식

221 | 보호구·안전대

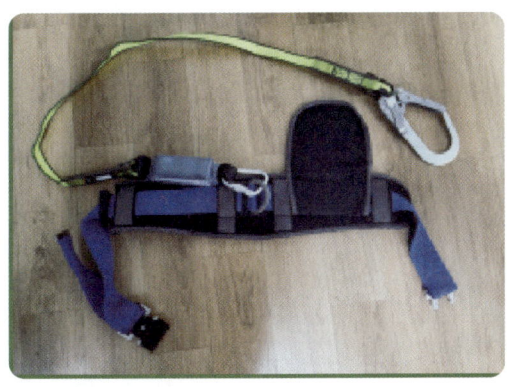

작업자 A는 안전대를 전주에 체결하여 작업하고 있다.

1) 안전대 종류 작성
2) 안전대 용도 작성

1) ① 벨트식
2) ① U자 걸이 전용

222 | 보호구·방음용보호구

방음용 보호구(귀마개)를 확대해서 보여주고 있는 상황이다

1) 해당 표에 빈칸을 작성

보호구명	종류	기호	성능
귀마개	①	②	③
	2종	④	⑤

1) ① 1종
   ② EP-1
   ③ 저음부터 고음까지 차음
   ④ EP-2
   ⑤ 고음만을 차음

223 | 보호구·방음용보호구

한 작업자가 귀덮개를 쓰고 작업을 하고 있다.

1) EM(Ear Mask) 주파수에 의한 방음치수 빈 칸 작성
  ① 1000Hz : (   )dB 이상
  ② 2000Hz : (   )dB 이상
  ③ 4000Hz : (   )dB 이상

1) ① 1000Hz : (25dB) 이상
   ② 2000Hz : (30dB) 이상
   ③ 4000Hz : (35dB) 이상

224 | 보호구·방열보호구

방열복을 보여주고 있다.

1) 방열복의 질량
2) 방열복 내열 원단의 성능시험 3가지 작성
3) 방열복의 시험성능기준 빈칸 작성

1)

종류	질량(단위 kg)
방열상의	①
방열하의	②
방열일체복	③
방열장갑	④
방열두건	⑤

3)
난연성
- 잔염 및 잔진 시간이 (①)초 미만이며, 녹거나 떨어지지 않아야 하며, 탄화길이는 (②) mm 이내 일 것

절연저항
- 표면과 이면의 절연저항이 (③) ㏁ 이상일 것

내열성
- 균열 또는 부풀음이 없을 것

1) ① 3.0 이하
　② 2.0 이하
　③ 4.3 이하
　④ 0.5 이하
　⑤ 2.0 이하

2) ① 내열성 시험
　② 내한성 시험
　③ 난연성 시험
　④ 절연저항 시험
　⑤ 인장강도 시험

3) ① 2초
　② 102mm
　③ 1㏁

225-226
보안면

225 | 보호구·보안면

용접용 보안면을 보여주고 있다.

1) 용접용 보안면의 등급 기준
2) 용접용 보안면의 투과율 종류 3가지

1) ① 차광도 번호

2) ① 시감 투과율
   ② 적외선 투과율
   ③ 자외선 최대 분광 투과율

226 | 보호구·보안면

1) 보안면의 채색 투시부의 차광도 구분하여 투과율 빈칸 작성

차광도	투과율
밝음	①
중간밝기	②
어두움	③

1) ① 50±7 %
   ② 23±4 %
   ③ 14±4 %

안전·보건 표지

금지표시

| 출입금지 | 보행금지 | 차량통행금지 | 사용금지 | 탑승금지 |
| 금연 | 화기금지 | 물체이동금지 | | |

경고표시

인화성물질 경고	산화성물질 경고	폭발성물질 경고	급성독성물질 경고	부식성물질 경고
방사성물질 경고	고압전기 경고	매달린 물체 경고	낙하물 경고	고온 경고
저온 경고	몸균형 상실 경고	레이저광선 경고	발암성·변이원성·생식독성·전신독성·호흡기과민성 물질 경고	위험장소 경고

지시표시

| 보안경 착용 | 방독마스크 착용 | 방진마스크 착용 | 보안면 착용 | 안전모 착용 |
| 귀마개 착용 | 안전화 착용 | 안전장갑 착용 | 안전복 착용 | |

안내표시

| 녹십자표지 | 응급구호표지 | 들것 | 세안장치 | 비상용기구 |
| 비상구 | 좌측비상구 | 우측비상구 | | |

초판발행	2025년 01월 05일
저 자	한혜윤, 신혜선
편 저 자	이용연, 이윤재, 조훈상, 윤성필
도움주신분	허동우, 김선우, 이수진
발 행 처	도서출판 나눔
주 소	부산광역시 연제구 연수로 110
이 메 일	nanumcbt1001@naver.com
홈페이지	www.nanumcbt.com
정 가	39,000원
ISBN	979-11-983720-6-2

이 책 내용의 일부 또는 전부를 재사용하려면
반드시 도서출판 나눔의 동의를 얻어야합니다.